反常规

解锁工作和生活中的创新路径

［新加坡］ 安德烈亚斯·拉哈索　　著
（Andreas Raharso）

庞明　译

中国科学技术出版社

·北　京·

北京市版权局著作权合同登记　图字：01-2022-2175。

图书在版编目（CIP）数据

反常规：解锁工作和生活中的创新路径 /（新加坡）安德烈亚斯·拉哈索（Andreas Raharso）著；庞明译 . — 北京：中国科学技术出版社，2022.10
书名原文：Escape from System 1
ISBN 978-7-5046-9734-9

Ⅰ . ①反… Ⅱ . ①安… ②庞… Ⅲ . ①创造性思维 Ⅳ . ① B804.4

中国版本图书馆 CIP 数据核字（2022）第 134130 号

策划编辑	申永刚　赵　霞	责任编辑	韩海丽
封面设计	马筱琨	版式设计	蚂蚁设计
责任校对	吕传新	责任印制	李晓霖

出　　版	中国科学技术出版社
发　　行	中国科学技术出版社有限公司发行部
地　　址	北京市海淀区中关村南大街 16 号
邮　　编	100081
发行电话	010-62173865
传　　真	010-62173081
网　　址	http://www.cspbooks.com.cn

开　　本	880mm×1230mm 1/32
字　　数	113 千字
印　　张	6.5
版　　次	2022 年 10 月第 1 版
印　　次	2022 年 10 月第 1 次印刷
印　　刷	北京盛通印刷股份有限公司
书　　号	ISBN 978-7-5046-9734-9/B・104
定　　价	69.00 元

前言

人类如果并没有自己想象的那么聪明，将会怎样呢？

我们对一些事情常常持有自己的观点，对人产生直觉，也知道某人是否值得信任，然而所有这些都不能准确地解释我们是如何知道这些事情的。依靠自己既解释不了也不能辩护的证据，我们对并不完全理解的问题竟然也有自己的答案。

2011年，诺贝尔经济学奖得主丹尼尔·卡尼曼（Daniel Kahneman）在《思考，快与慢》（*Thinking, Fast and Slow*）[①]一书中指出，人们在面对困难问题时，会用简单问题代替困难问题，从而简化任务的难度。我们的大脑会瞬间举起"心智猎枪"，它的发生是无意识的。因为对于困难问题，快速给出答案要比给大脑增加认知负荷更容易。

幸福是什么意思？我应该投资亚马逊（Amazon）公司吗？明年可能出现的政治动向是什么？面对这些复杂的问题，我们的思维本能地转换到回答诸如我现在的心情怎么

---

① 该书原英文版出版于2011年，中文版出版于2012年。——编者注

样，我喜欢使用亚马逊的服务吗，我喜欢现在的政治候选人吗这些相对简单的问题。

"目标问题是你打算做出的评估，'心智猎枪'问题是你回答得更简单的问题，"卡尼曼如此解释。因为"心智猎枪"使我们很容易对困难问题做出快速的回答，而无须对我们大脑中懒惰的系统2[①]做出太多的努力。这意味着我们无法精确控制自己的思维过程和反应。我们最终不会回答最初的难题。

有时候，这把"心智猎枪"很管用。但有时候它也可能导致我们犯严重的错误。比如选错候选人或者批准一个注定要失败的紧急项目。

用简单的问题来代替困难问题的这种倾向在创新的时候会是一个大麻烦。创新是很困难的。如果我们总是倾向于简单的问题，又怎么能够在创新中解决困难问题，从而创造出新的、好的东西？

如果亨利·福特（Henry Ford）没有思考如何创造出更好的交通方式，并发明T型车（Model T），可能我们现在仍

---

① 丹尼尔·卡尼曼在《思考，快与慢》一书中解释："系统1和系统2不是标准意义上的实体……"浅白地解释一下系统2的话就是我们不能依靠直觉时会启动的"耗力系统"。——编者注

然只能使用马车出行。

如果比尔·盖茨（Bill Gates）没有那大胆且看似不可能实现的梦想——将个人电脑普及到每个家庭中——可能我们现在仍然在使用笨重的大型计算机。

只有当我们承认创新的过程是异常艰巨的，并接受即使使用世界上所有创新框架，也仍然找不到创新的秘密公式这个事实，我们才准备好在生活中更好地创新。

这是一本关于创新的本质的书。

最新的神经科学和意识研究成果都表明，以前我们对创新的很多认识都是错误的。创新不是人类天生就能做到的事，激发创造力也并不容易，在思维上从默认到有意地做出根本的转变也不是自然发生的。我们的大脑根本不是那样运作的。

创新是极其困难的。

进化科学表明，人类本能地寻求效率最高和阻力最小的道路，并进行尝试和测试，以确保我们作为一个物种能够存活下来。我们不会对饮食、过马路、旅行等日常生活的行为深思熟虑，只是使用最有效和最具常识性的方法生存下去。

许多公司也是这样做的。追求目标是关键，实现利润最大化，降低成本，提高效率，保持业务持续发展。只要这些目标得以实现，现状就是王道。只要时不时地增加产品的功能或更新产品，就能让客户满意。

但这已经不够了。

独特的、变革性的伟大想法正变得越来越难挖掘，而且成本也越来越高。近年来，人们一直在争论创新是否进入了停滞期。尽管研究工作在增加，但研究成果产出率却在下降。

这本书借鉴了认知科学领域70年来的科学研究成果，涵盖了三位诺贝尔经济学奖得主的作品——赫伯特·A. 西蒙（Herbert A. Simon）、丹尼尔·卡尼曼和理查德·塞勒（Richard Thaler）。我将向读者展示科学知识和商业行为之间的不匹配问题，以及这将如何影响创新的各个方面。

为了做到这一点，我将引入未来实践（Next Practice）的概念，它是一种针对组织面临的关键挑战和问题的前卫行动，它产生的结果优于目前使用的任何最佳实践（Best Practices）。

未来实践是面向未来的、原创的、实验性的，几乎都是反直觉的。它没有现成的基准，因为之前没有其他公司这么做过。未来实践本质上是第一个最佳实践：在一个领域、部门或组织中所遵循的所有最佳实践的先驱。未来实践很少出现，但当它出现时，那些因为只准备采用最佳实践而没有识别出未来实践的公司将无法跟上潮流。柯达（Kodak）、施乐（Xerox）和黑莓（Blackberry）等曾经辉煌的公司都因这一盲点而走向了衰落。

本书的第一部分着眼于阐述什么是"未来实践"以及它为什么重要。第一章介绍了未来实践在关键经济行业的兴起，以及它如何通过找到通往创新前沿的最短路径，帮助企业成长为"标准普尔500指数"（Standard & Poor's 500）内的企业。第二章的内容将动摇我们对目前创新解决方案的信念，这些信念错误地建立在"人类天生具有创新能力"的假设之上。然而，我们不是天生就具有创新能力的，因为我们被困在丹尼尔·卡尼曼所说的系统1思维中。第三章介绍了系统2思维的光辉，并说明了系统2思维对未来实践工作的创造是多么重要。

第二部分介绍了如何由内而外地创建"未来实践"，并使大脑和组织为达到最佳状态做好准备。第四章明确指出了摆脱系统1思维的路径，它存在于我们大脑中一种隐藏且丰富的物质——髓磷脂之中。接下来是第五章，我将在这一章中揭示拥有一个安静的大脑对于将我们从系统1中解放出来的重要的意义。然后，第六章讲应将失败作为一种武器来使用，并介绍了人们如何克服恐惧从而勇敢地创造未来实践。在第七章中，介绍如何运用训练（T）和仪式（R）来克服恐惧并增加髓磷脂，以强化系统2思维。

最后，第三部分将重点介绍当前的创新框架发展趋势，以及我们如何通过未来实践的方法大幅提升它们的作用。第八章介绍了将未来实践应用到设计思维（Design Thinking）和逆向工作（Working Backwards）中，以使这些方式更有效力。第九章将深入探讨未来实践如何增强并强化第一性原理（First Principles）和欣赏式探究（Appreciative Inquiry）。

> 生存的第一定律是：
> 没有什么比昨天的成功更加危险。
>
> ——阿尔文·托夫勒（Alvin Toffler），
> 商人、未来学家

我们再也不能像过去几百年那样工作了。那些方法可能很有效，但有效性不会持续太久。

一种范式的变化势在必行，它并非一般的变化，而是一种与我们所习惯的方式截然不同且影响深远的巨大转变。

让我们开始这次的旅程！

目录

第一部分

未来实践是什么，为什么它很重要

第一章

未来实践的兴起

真正的发现之旅不在于寻找新的风景，而在于有
新的眼光。

——马塞尔·普鲁斯特（Marcel Proust）

数据发人深思。

"标准普尔500指数"名单上的公司正以惊人的速度消失。1958年，上榜公司的平均寿命为61年。而今天，这个数字还不到18。麦肯锡高级合伙人理查德·福斯特（Richard Foster）在其著作《创造性破坏》（*Creative Destruction*）一书中进一步预测，到2027年，目前在"标准普尔500指数"名单上的公司有75%将会消失。

也就是说，每4家公司中就有3家在2027年前将会被合并、收购或者破产。

虽然通用电气（General Electric）和埃克森美孚（Exxon Mobil）等已在纽约证交所（New York Stock Exchange）上市的一些历史悠久的中坚企业遭受了战争的创伤并保住了自己的位置，但相当多市值较高的公司才成立短短几十年。与这些大公司相比，它们还只是"婴儿"。比如易集（Etsy）、太空探索技术公司（SpaceX）、亚马逊这些公司就发家于以前难以想象的行业：人工智能、太空、电子商务。其中一些行业已经见证了整个行业合并成"混合行业"——尤其是数字医疗、娱乐式零售和电子交通等行业。

　　无论是对传统企业还是初创企业而言，这都是一个前所未有的颠覆时代。虽然在商业领域混乱在所难免，但在全球范围内，混乱发生的速度和复杂性正引发这样一场巨变。

　　企业的预期寿命、产品的生命周期和过去经验的相关性都在变小。新技术，尤其是云技术成为企业的巨大推动力。新技术使一些企业要么大幅地提升，要么痛苦地倒闭。做生意现在已经演变成一种需要灵活性以确保生存的手段和一种能够在混乱中工作和解决问题的敏捷思维能力。

　　这种灵活性至关重要。然而，它难以捉摸。企业经常发现确定新的转向方向是很困难的事情。开发新产品和提供新服务也很难，而这将是未来吸引客户的重要因素。

新世界范式

　　世界著名的未来学家阿尔文·托夫勒在其著作《第三次浪潮》（*The Third Wave*）中表示，社会进步和进化的浪潮将变得更短、更快。社会将在更短的技术小波中，而不是巨大而缓慢移动的大波中实现戏剧性的转变。他利用"托夫勒曲线"预测，变化将以垂直模式更快地发生并加速，也会反过来加速对人类和社会的破坏，因此导致"经济超级中断"的产生。

事实证明托夫勒在这些方面的预言都是正确的。

在农业时代，人类用了几千年的时间才发现了火、发明了轮子。工业时代只用了几百年的时间来塑造我们所熟悉的社会，而如今信息时代的变化速度则以几十年为单位来衡量（见图1–1）。

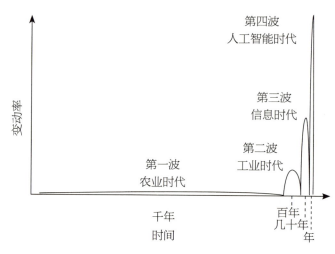

图1–1 四个时代 时间—变动率曲线图

我们正处于人工智能（AI）时代的风口浪尖，在这个时代，变化可能在几年或者更短的时间内发生。事实上，巴克敏斯特·富勒（Buckminster Fuller）的知识倍增曲线（见图1–2）显示，在工业时代之前，知识翻倍需要500年的时间，但随着时间的推移，这一倍增速度开始加快，到2020年，知识翻倍仅仅需要12个小时。没有人工智能的帮助，人类不可能处理所有这些信息。

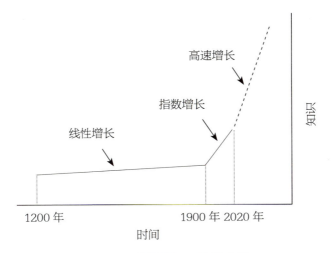

图1-2　富勒的知识倍增曲线

发现和想法不再像过去那样有时间自然地表露出来。虽然它们并未枯竭，但那些独特、原创和未开发的创意正变得越来越昂贵。

斯坦福大学（Stanford University）经济学教授尼古拉斯·布鲁姆（Nicholas Bloom）在2017年发表的一篇有关经济增长和生产力研究的论文中表示，当有更多的研究人员产生更多想法时，便会促进更大的经济增长。然而，在研究努力增加的时候，每位研究人员产生的想法的数量却急剧下降。

布鲁姆说，想出新点子越来越难，而经济或多或少在这方面正做出弥补。我们能够勉强维持增长的唯一方法就是投入更多的科学家。

事实上，布鲁姆并不是第一个注意到处理思想和信息的这种强化元素的人。

经济学家本杰明·琼斯（Benjamin Jones）在2009年的一篇论文中指出，如果知识随着技术的进步不断地积累，那么后来的创新者可能会面临不断增长的知识负担。

这对我们这个时代的研究人员、创新者和企业家来说意味着什么呢？

创新依赖知识。无论是科学家、技术专家、面包师还是咖啡师，都需要通过直接或间接的方式获得关于自己行业的丰富知识。然而，对个体来说，要知道足够多的知识来从事创造新知识的工作，就像一个教授需要对自己所在的领域了如指掌一样。有太多需要在很短的时间内处理的信息，一个人能够掌握的知识在现有的知识总量中所占的比例越来越小。

这就是所谓的知识负担。关于一个主题或研究领域的知识越多，后来试图更多了解这个主题或研究领域的人的负担就越重。数据不断地更新，新的研究将继续推进，试图跟上这些新研究的步伐几乎是徒劳的。

要打败竞争对手，实现下一次创新就更难了。在已经建立了最佳实践的地方，知识负担是巨大的。即使组建团队，分配成员之间负担的解决方案也并不十分理想，聘用更多人才的成本会增加，而人类的变革可能会导致紧张关系，破坏所付出的努力。

如今的企业明白创新的迫切性，不创新就会灭亡。然而，向研发投入资金、对现有产品进行改进、利用大数据和客户分析的热潮等，在繁忙、嘈杂的创意市场中几乎没有产生任何影响。

那么企业应该怎么做呢？在被时间研究比率的提高和知识负担的不断增长吞没之前，企业是否几乎不可能实现创新突破？

不完全是。

有一个办法。

未来实践解决方案

在我担任商业教授和顾问的这些年里，我研究了无数案例，并与众多行业的企业合作，但是，有一件事总让我感到困惑。

企业似乎经常以时兴的最佳实践作为自己的基准，并试图在创新方面超越它们。这是毫无道理的。如果最佳实践本身就背负着知识的重担，那寻找最佳实践就是一场必败之战。

更好的解决方案是找到这些最佳实践中的第一个，即第一个成果。这些触手可及的想法就像藏匿于处女地成熟待摘的水果。我把这个称为未来实践。

未来实践是第一个最佳实践。它的优势在于，从知识负担较低的起点开始，在这里创造新事物的概率高。未来实践通常是未经测试的，具有实验性的，甚至可能是反直觉的。

当我们从知识负担较低的地方开始时，可能不需要付出太多努力就能获得突破性的想法。这类似于爬一段短楼梯和一段长楼梯，如图1-3，前者让我们更快地实现目标，因为它需要更少的资源，同时允许我们获得大量触手可及的简单想

未来实践
（很多低处悬挂的想法）　　最佳实践
（很少低处悬挂的想法）

低负担知识　　高负担知识

图1-3　未来实践与最佳实践的知识负担对比图

法。在攀登知识的阶梯上，我们在很多方面都背负着沉重的负担，但这也会让我们获得稀缺的、更有难度的想法。

从定义上讲，未来实践是一种前卫的行动，它旨在解决一个组织所面临的严峻挑战和问题。它是一种被普遍接受的解决方案，它优于目前使用的任何最佳实践，因为它产生的结果要高级得多。

未来实践在本质上是一种先验的思维方式，用来表示从预测开始的知识或推理。这是一个未经证明的演绎，而不是一个已证明的演绎，它是一种演绎逻辑。它从一个想法开始，经过对这个想法的效果的观察，最后以一个结论结束。不确定性被假定为已知条件，通过不断地微调资源分配来处理这些未知因素，从而确定在未来什么措施更有效果。

这与最佳实践的后验思维方式正好相反，最佳实践利用过去的事件和已知的事实来建立推理，它是一种归纳逻辑。最佳实践更偏向于确定性、明确的界限以及通过从观察到产生可以解释所见的想法，来寻找过去行之有效的方法。然而，由于事情发生后再看当时情景容易做出正确判断，使用最佳实践并不能预测到经验以外的本可能发生的事情。结果，企业失去了一个又一个的商机。

此外，最佳实践使用框架来确定所要应对挑战的静态策略。与之不同的是，未来实践使用基于当前的挑战定义框架的动态策略。这与当今商业中普遍使用创新框架来创造新产品和提供服务的做法背道而驰。最佳实践和未来实践的区别如表1-1所示。

我们搞错了事情的顺序。

表1-1 最佳实践和未来实践的区别

最佳实践	未来实践
管理复杂性	拥抱复杂性
封闭系统：确定性关系；确定性是常态	开放系统：概率关系；不确定性是常态
过去导向	未来导向
存在可以采取行动的范例	没有可以采取行动的范例
静态战略：框架定义挑战	动态策略：挑战定义框架
归纳逻辑（从观察到想法）：一种后验思维	演绎逻辑（从想法到观察）：一种先验思维
放大强烈信号	放大微弱信号

未来实践的方法允许创新升级。最佳实践通常只允许渐进式的创新，而未来实践则会产生更多类型的创新，如架构式创新（Architectural Innovation）、颠覆式创新（Disruptive Innovation）和激进式创新（Radical Innovation），因为从新想法出发往往总是比从仅仅观察老的过时产品的角度出发更

丰富。

让我们来更深入地了解Gojek[①]和微软（Microsoft）公司的成功，这两家巨头利用知识负担较低的领域创建了各自的未来实践。

案例研究1 >>> 颠覆式创新者：超越现任

Gojek——印度尼西亚一家被大众宠爱的企业。它诞生和成长于煤烟弥漫的雅加达街道上，据说那里的交通堵塞能持续数小时之长，通勤者在那里需要漫长的等待时间。

纳迪姆·马卡里姆（Nadiem Makarim）在看到印度尼西亚糟糕的交通基础设施造成的市场空白后，于2010年创办了Gojek。当时马卡里姆还在麦肯锡（McKinsey）工作，他虽然有私家车和私人司机，却还是经常需要依靠摩的出租车来避开雅加达糟糕的交通拥堵。摩的出租车很便宜，在城市的任何角落都能找到，但运营效率非常低。在通常情况下，摩的出租车骑手要花8到10个小时才能把6名乘客送到目的地。能承揽到6名乘客，他们还算是幸运的，不那么幸运的骑手有时即使等上一整天也遇不

---

① 是印度尼西亚一家共享出行服务商，有将其翻译为"够捷快"的新闻，此处保留原文。——编者注

到一个乘客。

马卡里姆回忆：所以他们效率非常低。你想乘摩的出租车的时候，怎么等都看不到摩的骑手，然而当你不想乘摩的出租车的时候，就经常会看到他们挤在雅加达的人行道上……他们是为数不多的没有能力吸引客户的服务提供商之一。颠覆这个市场的时机已经成熟。

为了解决这种明显的低效率问题，并帮助减轻摩的出租车乘客面临的一些压力，马卡里姆决定建立一个小型呼叫中心，集中和协调摩的出租车骑手和乘客之间的交易。它一开始收到的反响并不那么热烈，生意并没有像他想象的那样红火。2015年，由于一家私人股份投资者提供了资金，这一趋势才发生了转变。Gojek转向数字平台，通过使用一款手机应用程序，将摩的骑手和乘客直接连接起来。这标志着Gojek为成长为今天的巨头公司而进行的不懈努力的开始。

当时，印度尼西亚已经在迅速转型为一个数字国家，跳过了台式电脑和笔记本电脑互联网时代，直接进入使用手机互联网的时代。摩的骑手和乘客之间可以很方便地进行交易，因为该系统消除了双方在价格、路线和时间上讨价还价的必要。

Gojek从最初的一个社会企业，到现在在宏观层面上为印度尼西亚非正规经济创造了大量的就业机会。

"在大多数发展中国家……我不认为失业是个核心问题。那只是个就业不足的问题。就业不足是指不能赚到很多你想赚的钱，也不能获得你想获得的一切。而Gojek以一种非常优雅的方式解决了这个问题，因为人们只需要一部便宜的手机、一个头盔和一辆摩托车就可以一天24小时随时随地工作，马卡里姆表示。从根本上讲，Gojek为成百上千的印度尼西亚人提供了成为小企业家的机会。

"Gojek已经成长为一个多服务平台的数字支付集团，为东南亚超过1.7亿用户提供服务。该公司目前的估值为100亿美元①，并于2021年5月宣布与公司供图（Tokopedia）公司合并上市，此举使其总价值达到180亿美元，成为东南亚规模巨大的科技集团之一。如今，它已经与超过200万名司机和90万家中小企业建立了合作。

"我们正走到这一步，一种与稀缺性的概念相反的新技术范式。Gojek认为非正规部门是一种弹性资源，它可以以我们甚至都无法想象的方式扩展。我们希望……

①　2019年的数据。——编者注

向世界表明，社会影响力和可扩展的科技企业不仅是兼容的，而且实际上是不可分割的。"

那么，一个仅有20名司机的小型呼叫中心是如何在短短10年的时间里发展成为今天的行业巨头的呢？

我们喜欢违背直觉，或者稍微违背主流观念……我们根据普通人在日常生活中经历的不便开发了一款产品。我们是一个解决问题的平台，我们让事情变得更有效率，马卡里姆这样解释。这一解释生动地揭示了当今经济中创新背后的秘密。

Gojek不仅仅是反直觉的。它还为解决雅加达的交通堵塞难题提供了未来实践的方案。在Gojek出现之前，解决雅加达交通堵塞的最佳实践方案是使用出租车——准确地说，是蓝鸟集团（Blue Bird）。

蓝鸟集团是印度尼西亚最大的出租车公司。该公司成立于2001年，它为印度尼西亚长期拥堵的城市中存在的交通问题提供了一个优雅的解决方案。凭借未来实践方案，它逐渐在该国的出租车行业独占鳌头。

想要确保安全的通勤和公平的价格？呼叫一只"蓝鸟"。蓝鸟集团是道路之王。

但是Gojek出现了，并且做了其他公司没有做过的事情。它在印度尼西亚取代了现有的运输公司，不是通过试图做得更好，而是通过摩托车建立了未来实践。他们创造了一个完全不同的市场分支，并致力于与蓝鸟集团完全不同的发展轨迹。为了帮助人们更好地生活，他们超越了这个行业的巨头。

案例研究2 >>> 结构创新者：忘却，重新学习，更深入地观察

微软曾经是信息技术界的霸主。但是现在不一样了。

作为无可争议的技术巨头和IT行业最好、最新产品的先驱，微软在21世纪初就已经风光不再，并面临着被边缘化的危险。从1999年的鼎盛时期成为世界上市值最高的公司，到2013年时，微软在快速增长的云计算、移动和搜索领域明显落后了，它的追赶速度不够快。

微软面临着加入那些未能及时创新、在竞争激烈的商业世界迷失方向的大牌公司行列的危险，像诺基亚（Nokia）、柯达和黑莓公司。

比尔·盖茨在1991年准确地分析了微软的未来，他表示，在这个行业，如果不能保持领先，就会很快失去市场份额。我们必须根据硬件和用户需求的变化，找到创

新的机会，然后必须非常迅速地应用这些东西。

　　幸运的是，微软的故事改变了走向。就像凤凰涅槃一样，通过及时更换领导层，微软在2020财政年度重振雄风，创下了历史新高。收入从2014年的866亿美元增长到2020年的1430亿美元，其股价从40美元飙升到200美元以上。在首席执行官萨提亚·纳德拉（Satya Nadella）的领导下，微软在人工智能和边缘计算方面取得了长足的进步，同时还管理着世界上较多市场份额的商业云业务。

　　微软是如何使其业务实现很少有公司能够取得的巨大复兴的呢？答案在于纳德拉敏锐地发现，他需要将公司过时和单一的操作系统和生产力应用程序的授权业务模式，转变为SaaS（软件即服务）商业模式。2014年，纳德拉宣布了该公司的"云优先"战略，以防止再次在移动业务领域重蹈覆辙。

　　纳德拉在微软建立未来实践的意图在他的第一次"云优先"战略新闻发布会上已经说得很明显了，艾略特（Eliot）说，永远不要停止探索，在探索的最后，你会回到原点，会真正理解原点。我认为他说到点子上了。对现在的我来说，这句话比以往任何时候都更正确。

　　今天标志着我们探索的开始……我们所做的一切都

基于这种世界观，我将其描述为无所不在的计算和情景智能的世界。这是创新的绝佳画布，也是我们公司成长的绝佳机会。

"当你想到画布本身时，有三个方面真正引人注目。第一个是未来5—10年的世界将不再由我们今天了解和喜爱的形状因素来定义，而是未来几年将会出现的各种形状因素。"

他对画布的比喻完美地解释了未来实践的构建。在空白的画布上，你可以根据自己的想象进行绘画。很明显，早在2014年，情景智能的概念还不为人所知。因此，纳德拉和他的团队参与进来，创建了他们的未来实践。

纳德拉组建了一个高级领导团队（SLT），在12万多名员工中引领了一场文化复兴。他重新定义了微软的使命：予力全球每一人、每一组织，成就不凡。之前由比尔·盖茨在微软创建前一个项目同样也是未来实践：让每个家庭的桌子上都有一台电脑。

纳德拉说："我们要愿意接受不确定性，承担风险，在犯错时迅速行动，并认识到在掌握技能的过程中会失败。我们需要对别人的想法持开放态度，别人的成功不会削弱我们自己的成功。"

大规模的文化转型让微软得以回归到它最擅长的领域：走在技术的最前沿。更重要的是，微软不仅能够专注于赶上技术进步的第一波浪潮，更准确地说，它能走在技术进步的前沿。

像Gojek一样，微软向人们展示了无论公司是年迈还是年轻，只要保持灵活，都可以创造未来实践，有时甚至可以创造第二个或第三个未来实践。

寻找"伊甸园"

要创造未来实践并不容易。

许多企业不断试图创新，但都失败了。尽管他们拥有最优秀的人才、资源和想法，但还是达不到要求。为什么？

通过图1-4，我的分析是，这些企业的生意仍处于渐进式创新（Incremental Innovation）象限。这个象限足够安全，架构式创新、颠覆式创新和激进式创新这三个象限，由于风险和未知因素太多，呈现为危险地带（Danger Zones）。

如果他们改变看问题的视角，将其视作"伊甸园"呢？这些新想法充满活力，几乎没有竞争对手，而且对创业时资源的需求更少。

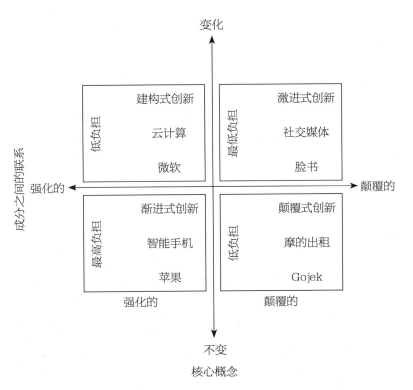

图1-4　创新的类型

只要我们知道了秘密路线，就有可能。

让我来给你指明道路。

第二章

创新能力是与生俱来的吗

我们实际思考的比自认为思考的要少得多……

——丹尼尔·卡尼曼

数字世界是一个充满诱惑的世界。

脸书（Facebook）[①]、照片墙（Instagram）、推特（Twitter）、抖音海外版（Tik Tok）、慕课（MOOCs）为所有人免费提供世界上最好的教育机构，如哈佛大学、斯坦福大学、伯克利大学的课程。当我们想要查询某个话题时，谷歌（Google）可以提供检索功能。油管网（YouTube）目前是视频之王。随着越来越多的人用网络视频取代面对面的交流活动，油管网变得更受大家的欢迎。

再加上其他大量的社交媒体平台、网站和网络游戏，这些网站可以让用户享受无限的乐趣、娱乐，甚至还可以帮助用户学习。仅需要一个设备和互联网，人们可以从世界上任何地方获取这些。这是令人难以置信的。

我们自然会花上几个小时，来探索这个诱人的世界。

全球共有超过78亿人口[②]，其中超过一半人使用互联网。其中大多数人通过移动设备上网。

尽管在网上进行的学习和游戏的社交互动都是虚拟的，

[①] 2021年10月28日改名为"元宇宙"（Meta）。——编者注
[②] 截至2022年4月。——编者注

但普遍认为它一定会让人们变得更加聪明，更了解时事，人们之间的联系也更好。它也一定给我们带来了新的灵感和突破性的想法，从而产生更多的创造力，并增加发现更多的未来实践的可能。

然而事实并非如此。一项又一项的研究表明，人们智力水平的下降、数字成瘾率的上升和心理健康问题的增加，都与过度使用数字技术有关。

技术的发展给人类带来了巨大的好处。如果没有技术上的发明，我们将永远不会有连接世界的计算机系统，也不会有让生活更高效的云计算和人工智能。科技会继续存在下去，它并不是我们生活离不开的东西。然而，就像锋利的刀一样，技术需要正确的处理。在知道如何掌握它的人手中，它会把现存的事物提升更高的高度；但在业余人的手中，它会带来巨大的负面影响。

一个看似美好的事物怎么可能会制造混乱，而不是帮助人们更好地进行思考呢？

在回答这个问题之前，我们首先需要了解我们的大脑是怎样进行思考的，并回顾一下人类的进化史。

大脑的双重系统

诺贝尔经济学奖得主丹尼尔·卡尼曼是一位著名的经济学家和心理学家，尤其以其在人类理性、判断和决策方面的研究而闻名。卡尼曼在他的畅销书《思考，快与慢》中探索了人们所理解的大脑如何工作的背后的假设，并在书中引入了两个角色：系统1和系统2。这两个系统分别描述了大脑中的直觉思维和有意识思维两个部分。

让我们仔细了解一下这两个重要的角色。从我们如何吃、走路、说话，到如何学习、思考和做决定，它们都起着至关重要的作用。系统1和系统2的特点如表2-1所示。

表2-1　系统1和系统2的特点

系统 1 的特点	系统 2 的特点
模式检测	模式识别
自动操作	控制操作
减少 / 简化	增加 / 复杂
情感	逻辑
多任务	专注
最小化努力	最大化努力

系统1是我们大脑的"闪电快速特工"。它只需要很少

或几乎不需要努力，就能自动地、迅速地运行。对观察者来说，它属于直觉、冲动和本能行为的部分。它是你和喜欢的人一起进行的、没有计划也没有预算的即兴旅游。直觉和本能源于系统1。

另一方面，系统2是系统1的同伴。它会把你拉回现实，提醒你对这些路途旅行做成本效益分析，权衡利弊，并考虑应对各种不同的情况。它是努力和深思熟虑的，并在一系列有序的步骤中产生想法。因为系统2的速度慢，所以它可以适应复杂的环境，并保持一定程度的专注和努力。创新和创造力源于系统2。

当我们醒着的时候，两个系统都在运转。系统1通常处于主导地位，而系统2则以一种低效率的模式在一旁"观望"。当你开车接送孩子上芭蕾课时，是系统1在负责；当你进行高强度的锻炼时，也是系统1在运作；当你把狗拉回人行道上以避开超速行驶的自行车手时，你猜对了，还是系统1在起着决定性的作用。本能反应、快速决策和日常事务都由系统1负责。

当系统1遇到困难，对它所习惯的范式和范围内的问题没有答案时，系统2就会被调动起来。为了找到解决问题的办法，人们会突然变得警觉和专注，高度关注遇到的问题，比如检查每一行项目以平衡公司的资产负债表，煞费苦心地试图排除故障并修复总是莫名其妙地重启的智能电子家居系统，还记得我们想对那个抢占我们看好的停车场的司机大喊大叫的时候吗？这些都是系统2开始工作的时刻，系统2让我们避免失去自我控制卷入争斗。

当我们思考大脑是如何运作的时候，我们认为我们从系统1开始运作，并理性地做出有意识的选择和决定。令人惊讶的是，我们意识到实际上这个故事的主角是系统2。

然而，这构成了一个挑战。因为系统1是自动运行的，直觉思维的错误和偏见往往很难避免，卡尼曼将其称之为效度错觉。这是一种认知偏差，即人们高估自己准确辨析情景的能力，最终还是会犯错。避免这些错误的唯一方法是系统2能够不断地监视系统1，但这是不现实的，因为系统2速度慢而且效率太低。所以，系统1占据优势。

本质上讲，系统1是使我们95%的时间处于运行状态的自动装置，而系统2则是有意运行，只有5%的时间处于激活状态。这意味着，当涉及日常的劳动分工时，系统1和系统2就像时钟一样以一种最有效的方式运作。

思考时付出最少的努力，运行时有着最佳的表现。

听起来不错，是吗？

不一定。创新需要超越久经考验的效率界限。如果像卡尼曼所说的那样，我们的大脑是为效率而设计的，而不是有效性。那这就意味着我们需要意识到，人类的大脑在深度思考和解决问题方面已经处于劣势。

大脑储存能量的进化，快速行动

在数百万年的时间里，人类祖先的大脑容量经历了多次增长变化，进化成我们今天所熟悉的样子。这些变化使神经系统和认知能力得到了发展，使智人能够有目的并且聪明地行动、说话和思考。

然而，升级后的大脑是一个能量消耗者。虽然它的质量只有大约1.4千克，但却消耗了人体20%的能量，其中三分之二用于发射神经元信号，其余三分之一用于维护细胞的健康。这对占身体很小一部分的器官来说消耗的能量已经是很多了。

大脑供能主要依赖葡萄糖，比起相对简单的活动，复杂的认知活动需要更多的葡萄糖。例如，如果我们试图拼好魔方，我们大脑中涉及解决问题的部分会比其他区域消耗更多的能量。事实上，哈佛医学院在2016年发表了一篇论文，称大脑的运行以糖为主要燃料，大脑不能没有糖。

为了说明大脑消耗了多少能量，我们可以把注意力转向国际象棋和象棋大师。2004年，冠军鲁斯塔姆·卡西姆扎诺夫（Rustam Kasimdzhanov）在六场世界锦标赛中体重减轻了近8千克。2018年10月，美国Polar公司[①]通过监测国际象棋参赛选手的心率发现，21岁的俄罗斯特级大师米哈伊尔·安提波夫（Mikhail Antipov）在坐着下了两个小时棋后燃烧了560卡路里（约2.34千焦）。这相当于网球世界冠军罗杰·费德勒（Roger Federer）在网球单打比赛中一小时所消耗的能量。

然而，大脑不像肌肉一样可以储存多余的碳水化合物，它无法储存能量以备不时之需，大脑的正常运行需要氧气和能量的持续供应，没有这些供应，神经元将迅速失去功能。虽然这似乎是一种奇特的现象，但它实际上有助于大脑更好地工作，因为存储的能量细胞会占据神经元之间宝贵的空间。电信号需要更多的能量才能传输更远的距离，这样会降低大脑的效率。所以，系统1是大脑运行的首选模式，因为它比系统2消耗更少的能量。

此外，当我们考虑系统1是如何进化为我们思维层次的

---

① 一家可以跟踪监测心率的公司。——编者注

主要特征时，我们的大脑边缘系统的"战斗或逃跑"的特征就变得清晰起来。大脑边缘系统中的杏仁体快速形成了一种潜意识的评估和反应，以保证我们的安全，这完全绕过了执行思考任务的大脑。

简言之，为了确保生存，人类的大脑天生就以直觉和消耗最少能量的方式工作——这也是系统1的特征。

聪明带来的环境破坏

大脑更喜欢效率而不是有效性，但这似乎还不够。我们周围的数字生态系统不利于我们的创造力和聪明思考的能力的提高。

事实上，数字生态系统让我们变得更"笨"了。

弗林效应（Flynn Effect）[1]指出，在20世纪，全世界的智商分数都在大幅稳步地提升（大约每10年提高3分）——然而奇怪的是，到1975年，人们的智商分数开始急剧下降（每10年下降7个分），如图2-1所示。

————————

[1]　智商测试结果逐年增加的现象。——编者注

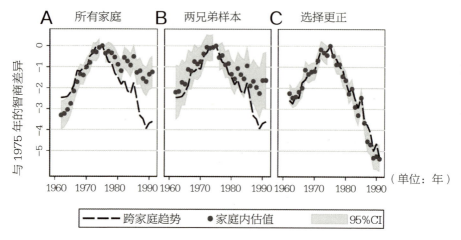

图2-1　智商分数中的弗林效应及其逆转示意图

如果回顾一下计算机的历史，并将其与弗林效应及其逆转的研究结果联系起来，会注意到一个相当奇怪但并不令人惊讶的趋势。你猜对了——智商分数的下降与工作站和个人电脑的引进是同时发生的。

2017年的一项研究发现，整个欧洲的人的智力水平都在下降。自20世纪90年代中期以来，斯堪的纳维亚半岛和英国是智力水平下降的主要地区和国家。研究人员迈克尔·沙耶尔（Michael Shayer）表示，自1995年以来，"一股巨大的社会力量一直在干扰儿童的思维发展，而且这股力量每年都在增强。这股力量包括游戏机和智能手机等技术的发展，它已经改变了儿童相互交流的方式。"

"以英国14岁的儿童为例。1994年25%的14岁儿童能做到的事情，现在只有5%能做到。"他引用数学和科学测试结果补充道。

更能说明问题的是，有数据显示，美国学业能力倾向测验（SAT）在阅读和写作方面的成绩也在下降，如图2-2所示。

SAT分数在大学入学时使用。来自世界各地的聪明学生，凭借很高的分数进入美国的顶尖大学。其中包括来自富裕国家和家庭的学生，他们可以获得无限的学习资源。然而，即便如此，分数仍在下降。那么，随着时间的推移，它会表明学生的认知能力有什么变化呢？

分数（单位：分）

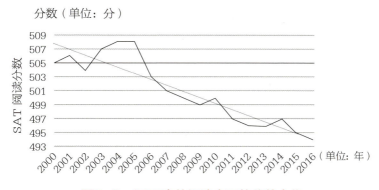

图2-2 SAT中的阅读方面的分数变化

算法扭曲了我们的思维

> 我们的思想都可能被劫持，我们的选择并不像我们想象的那么自由。
>
> ——特里斯坦·哈里斯（Tristan Harris）

或许，使用数字技术最令人不寒而栗的地方在于，它正在扰乱我们的思维和降低我们集中注意力的能力。

特里斯坦·哈里斯曾是谷歌的员工，现在是一名揭秘者，被誉为"硅谷最接近良知的人"。他极力倡导，要让人们认识到，硅谷正在以一种无形的方式影响着这个星球上数十亿人的思想。这些人既没有选择，也不理解科技公司是怎样对他们施加如此大的影响的。2017年，他在温哥华的一次TED[①]演讲中表示：如今在少数几家科技公司工作的少数几个人，会通过他们自己的选择引导10亿人的想法。

不为人所知的是我们对数字科技的使用，控制并没有我们想象中那么容易。从打开设备的那一刻起，我们就已经在无声地被别人引导着走了。

[①] TED（指technology, entertainment, design在英语中的缩写，即技术、娱乐、设计）是美国的一家私有非营利机构，该机构以它组织的TED大会著称，这个会议的宗旨是"值得传播的创意"。TED诞生于1984年，其发起人是理查德·索·乌曼。——译者注

以油管网为例。

截至2021年，全球油管网用户达23亿人。一旦用户开始看第一个视频，他们的播放列表就会根据一种算法自动地向用户进行推荐和播放。这种算法将会识别并对20个被认为与前一段视频相关的"下一步"（Up Next）片段进行排序。这种算法是一套秘密公式，是一款专门为吸引用户观看而设计的软件，也是油管网保持增长的唯一、重要的动力。

它利用了所谓的关联规则学习（association rule learning），这是一种基于规则的机器学习方法，用于发现大型数据库中变量之间的有趣关系。油管网辨析兴趣、注意力水平和用户之间的联系，并建立链接。

拥有人工智能博士学位的法国计算机程序员纪尧姆·查斯洛特（Guillaume Chaslot）曾是油管网的软件工程师，他致力于研究这种算法。在谷歌工作期间，查斯洛特意识到油管网为了显示极具争议和前卫的内容，赋予算法的优先级被危险地扭曲了。

这种做法的重点是向人们展示他们无法抗拒的视频，然后人们会最终观看那些强化他们现有世界观的内容，并在不知道其他观点的情况下更深入地了解一个知识领域，这样最终形成了一个知识陷阱。

查斯洛特说："油管网看起来貌似很真实，但它实际上被扭曲了，它让你花更多的时间上网。推荐算法并没有对真实、维持平衡、健康民主进行优化。"它其实扭曲了事实。

实际上，在所有大型科技公司中，使用算法并引导用户采取特定的观察和思考方式的做法很普遍。公司的目的很简单：让用户尽可能长时间地使用他们的产品。

而作为数字科技用户的我们，从一开始就被深深地吸进了一个自己无法控制并精心策划好内容的"兔子洞"[①]里——直接进入了所谓的"过滤气泡"。

博沃思（Upworthy）公司的执行官，同时也是活动家兼作家伊莱·帕里泽（Eli Pariser）在他的《过滤气泡》（*Filter Bubbles*）一书中解释了谷歌搜索是怎样高度依赖对用户进行"画像"来推荐结果从而进行成功运作的。两个人搜索相同的东西却会得到完全不同的结果，这是为什么？

帕里泽认为，互联网根据收集到的关于我们的所有数据，向我们提供它认为我们想要的东西，并创建了一个"个人信息生态系统"。它通过限制我们所能看到的东西，将我们与任何认知失调隔离开来。这些算法为我们每个人都创造

[①] 来源于《爱丽丝梦游仙境》，爱丽丝跌落兔子洞后进入了一个神奇的世界。——编者注

了一个独特的信息世界……它从根本上改变了我们接触想法和信息的方式。

> 你的过滤气泡里有什么取决于你是谁，也取决于你做了什么，但你不能决定进去什么，更重要的是，你实际上看不到被删除的内容。
>
> ——伊莱·帕里泽

在过滤气泡中，我们发现自己置身于一个回音室中，只能听到我们赞同的东西，并且最终会不信任外面的所有人。回音室并不是通过切断我们与世界的交流，而是通过改变我们所信任的人来孤立我们的。外界的观点是不可信的，而且我们越来越抵触与自己不同的观点。这些回音室可以覆盖社会的各个方面，从育儿论坛和疫苗接种，到营养方法，甚至是锻炼方案。

早在1996年，麻省理工学院的研究人员马歇尔·范·埃尔斯泰恩（Marshall Van Alstyne）和埃里克·布林约尔松（Erik Brynjolfsson）就警告过我们这个数字化互联世界潜在的阴暗面：如果一个人被赋予筛选不符合自己现有偏好的材料的权力，这个人就可能会形成虚拟的小圈子，将自己与相反的观点隔离开来，并强化自己的偏见。互联网用户可以寻求与志同道合、价值观类似的人的互动，因此就不太可能信任那些与自己价值观不同的人。这个预言已经成为现实。

网上事实的准确性再也不能被假定为是确定的，传统的平面媒体仍然需要经过某种形式的编辑以保持客观性。与之不同的是，网络媒体和任何人都可以在网上发布内容，这意味着告知观众他们想听到的信息激增。大约有61%的"千禧一代"[①]从社交媒体获取新闻，这就进一步触发了算法。这些算法会对他们的反馈进行整理，从而给他们观点一致的信息，将其他观点的信息排除掉。

一旦进入这些回音室，我们最终会认为每个人都会像我们一样思考，而忽略了其他观点的存在。过滤气泡和回音室将我们困在系统1的思维方式中。这一点都不好。

令人上瘾的数字科技的使用会强化系统1

当你收到一条通知说又有人评论你的帖子时，你还记得那种暗自高兴的感觉吗？这其实是一系列精心设计的步骤和技术的结果。这些步骤和技术是为了让你上瘾，并建立起你对数字科技的使用习惯。

---

① 指出生于20世纪时未成年，在跨入21世纪后达到成年年龄的一代人，除此之外，也指互联网时代成长起来的一代人。——译者注

科技公司利用人类对认可、肯定和社交接受的欲望，开发了各种工具和功能，如脸书上的"赞"按钮、推送通知和油管网上的自动播放功能。但也许最吸引人的技巧是利用人们的心理易感性，让人变得非常难以抗拒，即可变奖励。

心理学家B.F.斯金纳（B.F. Skinner）在20世纪30年代提出了可变奖励计划，将用户暴露于与奖励相关的刺激情景中，并得到在不同数量的反应后的奖励。没人能预测什么时候会有奖励。正是奖励与失望并存的可能性让行为变得极具吸引力。每次响应刺激产生奖励，一种联系就建立起来了，这一过程加强了神经元之间的神经通路，从而增加了对未来刺激做出反应的强度。

所以，每当我们滑动手机，看到大量的"赞"，或打开并刷新屏幕，在自己的动态中发现新帖子时，我们就会得到多巴胺的刺激，从而感受到快乐并对手机产生依赖。

"每次你向下滑动手机页面时，"哈里斯说。"你不知道接下来会发生什么。"脸书、快拍（Snapchat）和照片墙等平台利用令人成瘾的神经回路，让我们尽可能多地使用他们的产品。科技公司投入大量资金和资源，以寻找让我们在其产品中保持活跃的方式。这是一场为了获得广告收入而争夺用户注意力和时间的竞赛。

虽然数十亿网民继续滑动手机、刷新网页以及滚动鼠标，然而许多创造了这些使用户上瘾的诱人功能的年轻技术人员正远离自己的产品，并把孩子送去精英学校。在这些学校，苹果手机、苹果的平板电脑甚至笔记本电脑都被禁止使用。许多科技公司的高管正在切断与互联网的联系。

这是一个我们不能忽视的令人感到讽刺的问题。

人们越来越担心，用户不仅对技术上瘾，而且还在不知不觉中被训练成处于"持续注意力不集中"状态，即他们的专注能力受到严重影响，智力也受到影响。一项研究表明，即使人们能够抵制住触碰手机的诱惑，即使设备已经关闭，智能手机的存在也会损害人的认知能力。"每个人每时每刻都注意力不集中！"科技高管贾斯汀·罗森斯坦（Justin Rosenstein）说道。

对数字科技的使用让我们彻底成了囚徒一样的人，我们被困在一个自动化的地方思考和行动。虽然系统1的运作方式适用于日常生活，但它却不适用于深度思考和解决问题。如果我们停滞不前，就无法以不同的方式看世界。

"电报"（Telegram）公司创始人兼首席执行官帕维尔·杜罗夫（Pavel Durov）也严厉地批评了社交媒体推荐算法。杜罗夫在他的"电报"上说："要想富有创造力和生产力，我们必须首先把与我们无关的'推荐算法'的泥浆从头脑中清除掉。如果我们想要重新获得创造的自由，必须首先夺回对我们大脑的控制权。"

我们知道大脑是能够产生智慧的强大机器，但要做到这一点，我们必须用高质量的信息滋养我们的大脑。

不幸的是，大多数人不喜欢用能够改变世界的生活事实来充实自己的大脑，而是更喜欢随意用网飞（Netflix）公司的系列节目或海外版抖音视频。在深层次上，我们的大脑无法区分现实和虚幻，所以大量的数字娱乐让我们的潜意识忙于为根本不存在的问题找寻解决方案。

此外，我们自认为知道的信息可能不是我们真正知道的。根据消除主义（Eliminativist）的观点，我们的意识就像一种"用户错觉"。比如，在视觉错觉的例子中，我们的大脑填满了不存在的东西。在本没有运动的地方看到了运动，这实际上是大脑杜撰出来的。这与卡尼曼的理解错觉非常一致。如果我们的意识和潜意识都处于不透明的状态，我们又怎么可能进行创造性思考呢？

那么，有办法摆脱这种混乱吗？我们能逃出系统1的牢笼，从而更多地运行系统2吗？

第三章

熠熠生辉的大脑

你越安静，

你能听到的声音就越多。

——哲拉鲁丁·鲁米（Jalal al-Din al-Rumi）

"这人是个数学天才。"

1948年，约翰·纳什（John Nash）申请研究生时，卡内基梅隆大学（Carnegie Mellon University）教授理查德·达芬（Richard Duffin）帮他给普林斯顿大学（Princeton University）数学系主席写了一封简短的推荐信。这是其中的一句话。

这几个字还无法描述一个人的才华。

有人认为约翰·纳什是21世纪最聪明和最犀利的数学家。他帮助人们理解了自己在日常生活中做出决定和进行冒险的基本方式。他的理论在发展经济学领域知识方面做出了开创性的贡献，他以拥有独特的思想以及敢于解决很少有人敢尝试的极其困难的问题的精神而闻名。他在博弈游戏中发现的纳什均衡理论（Nash Equilibrium）为他赢得了1994年的诺贝尔经济学奖。

纳什均衡理论可普遍应用于生活中任何需要做出战略选择以获得预期结果的情景中——包括投资、商业、体育、政治，甚至是棋盘游戏。我们可能每天都在无意识地使用纳什均衡理论。在"石头剪刀布"游戏中之所以选择"布"，是因为我们认为对手会选择"石头"，这就是纳什均衡在起作用！

纳什的生活和工作经历激发了西尔维娅·纳萨尔[①]（Sylvia Nasar）的创作灵感，她写出了《美丽心灵》（*A Beautiful Mind*）这部关于纳什的传记。2001年，同名电影在全球获得了约3.14亿美元的票房收入，并赢得了4项奥斯卡奖。

纳什不仅在博弈论方面的工作具有变革性意义，而且他在美国国家安全局（National Security Agency of the United States）工作期间还拥有一种能够破解敌人密码，并建立新的、强大的密码的不可思议的能力。他的大脑与常人的大脑截然不同，这使得纳什似乎在与一般人不同的波普、维度和水平工作。

或许他确实使用了一般人不常使用的大脑的部分，他与我们通常的思考方式不同。

一个与众不同的大脑。

一束光辉。

一个熠熠生辉的大脑。

[①] 或译为西尔维亚·娜萨。——译者注

聪明的大脑

卡尼曼探索了系统2主导大脑的观点。虽然系统1可能是日常生活中更显眼的明星，但"思想的首席执行官"的角色实际上却是由系统2扮演的。

系统1会提出问题，但处理问题的是系统2。系统2深思、理性以及天生不张扬的懒散特点使它能够做出有效且有意义的决定。

在医疗方面，这两个系统之间的无缝隙衔接很好地阐明了它们之间的流体运动是如何帮助医生做出医疗决策的。医疗专业人员的工作在很大程度上依赖于快速和准确地诊断、治疗以及在压力下的应变能力。然而，每当这些专业人员试图走捷径并带有偏见地操作时，医疗错误就会发生。

当医生刚进入病房时，他们很大程度上依赖系统2，因为他们需要有目的地熟悉协议、获取病史、为病人进行详细的体检等。一旦这些工作成为他们的"第二天性"，系统1就会接手日常运作，而系统2则负责评估急症病人的管理计划和其他医疗护理目标。

总而言之，医疗培训的累积效应允许医疗专业人员将他们的日常任务从有意识的系统2加强为自动化的系统1的思维方式，这样是为了让系统2重新扮演一个进行思考的"首席执行官"的角色。这是一种共生关系，一个系统不能脱离另一个独立存在，但最终还是系统2占主导地位。

让我们继续探索这个美丽又聪明的大脑的特征。

特点一：集中注意力

你越安静，

你能听到的声音就越多。

——哲拉鲁丁·鲁米

当你走进日本的任何一座佛教寺庙，都会感受到一种平静的降临。

走在庭院里，你会注意到那里有一个非常简朴的禅宗花园，它很安静。这些建筑的结构会吸引你的注意力，并邀请你停下来反思。你会感受到一种宁静。

你的感官一个接一个地活跃起来，你发现自己变得有知觉了，并会用心感受那些曲线、木头、石头和水。你开始注意到最宏伟的结构和雕刻中最小的细节；当你走在砾石上时，会听到"嘎吱嘎吱"的声音；当你穿过花园中的小溪时，会感受一下桥上粗糙的木头。

你开始注意周围的一切。

当我们注意的时候，它就是我们看到世界的窗口。在卡尼曼关于系统1和系统2的理论中，后者帮助人们理解世界，通过有意识地关注外来事物来理解它们，并进行仔细地思考。

然而，这种努力并不是自然而然就能实现目标的。正如人们已经看到的，除非被唤醒，否则系统2倾向于保持低调。需要持续的努力才能唤醒系统2。我们必须把注意力放在当下的任务和形势上。如果没有集中注意力，或者注意力放在错误的事情上，人们的表现就会受到影响。

如果没有系统2，这种注意根本就无法发生。系统1无法处理这个角色，因为它是自动运行的。如果没有系统2，我们就会对周围发生的事情视而不见，转而依赖自认为已经了解的事情。

在《看不见的大猩猩》（*The Invisible Gorilla*）一书中，克里斯托弗·查布里斯（Christopher Chabris）教授和丹尼尔·西蒙斯（Daniel Simons）教授记录了心理学领域最著名的一个实验。该实验证明，大脑并不像我们认为的那样工作。在这个实验中，6个人——3个穿白衬衫，3个穿黑衬衫——互相传递篮球。观众被要求默数穿白衬衫的人的传球次数。很简单的任务，不是吗？意外的是，在某个时刻，一个穿着猩猩服的人漫步到人群中间，看着镜头，捶捶胸部，然后不慌不忙地走了出去，穿猩猩服的人在屏幕上总共待了9秒。然而，在观看视频的所有被试中，有多达一半的人说根本没有看到"大猩猩"。是的，这只人类体型大小的"大猩猩"在众目睽睽之下跳了一小段快步舞，然后离开了。这怎么可能？

如果不注意，我们就会对哪怕是最明显的刺激变得盲目。我们认为我们体验世界的方式就是如此，但我们的反应往往源自可能存在错误的本能和直觉，它也被称为系统1。我们最终被欺骗，以为自己对世界的感知和随之做出的决定是合乎逻辑和理性的，结果却发现被系统1的思维方式阻碍。

通过集中注意力，我们将更加频繁地激活系统2，所以我们不再对自己的盲目视而不见。在与世界的互动中，我们变得更有活力，看到得更多，理解得更多，并变得更有目的性。

特点二：反思

白手起家的亿万富翁理查德·布兰森（Richard Branson）是维珍集团（Virgin Group）的创始人，他坚信应该从工作中抽出时间去度假。

"当你去度假时，日常就被打乱了。你去的地方和你遇到的新朋友都能以意想不到的方式给予你灵感，"布兰森说道，"所以，我确保将智能手机尽可能长时间——如果可能的话，是几天——留在家里或酒店房间里，并随身携带笔记本和笔。"

"从日常工作生活的压力中解脱出来，我发现自己更有可能对老问题有新的见解，也更有可能迸发出灵感。"

从苦差事中抽出时间，有意识地培养反思的习惯，是越来越多的首席执行官和领导者为了忘却、重新学习和自我提升而养成的一种习惯。

一些人会冥想，比如已故的"新加坡国父"李光耀（Lee Kuan Yew），他认为冥想能帮助自己在必须做出艰难决定时保持思路清晰，并能仔细考虑选择的问题。沃伦·巴菲特（Warren Buffett）、比尔·盖茨和马克·扎克伯格（Mark Zuckerberg）等人则通过阅读不同题材的书籍来获得新的、更广泛的视角。还有一些人不按照预定的时间来思考那些能引起反思的问题。

什么是反思？

它是当我们有意识地考虑和分析自己的信念和行为时的

具有目的性的学习活动。这时，系统2在起作用。当我们进行反思时，大脑能够在混乱中暂停下来，通过不同的观察和经历来解开症结并进行分类，在看似不相关的信息之间建立联系，并创造意义。这个意义就成了学习，并作为系统1未来行动的基础。

不是从一个反射的层面——一个由冲动、情感、自动性，甚至可能不计后果的简化引导的层面——行动，反思帮助我们进入一个能够保持专注并可控的空间。选择是在权衡各种选项的利弊之后审慎地通过理性和逻辑做出的。

在生活中，我们可以想到很多在决定投身某件事之前，反思能力起到重要作用的情况，比如决定要走什么样的职业道路，或者和谁结婚等。

反思性思维同批判性思维也有密切的联系。

研究者乔纳森·哈伯（Jonathan Haber）在他的《批判性思维》（Critical Thinking）一书中将反思性思维解释为有三个目标的结构化思维。

1.明确我们的想法。

2.让我们信念背后的原因变得透明。

3.有能力判断我们的信念是否合理。

批判性思维常被认为是21世纪必不可少的技能，被誉为是在学校和工作中取得成功的关键因素之一。想象一下，如果没有批判性思维，在面对假新闻、不正确的结论以及基于情感而非理性做出的决定时，社会可能会彻底陷入混乱。如果大家不能批判地以及有逻辑地进行思考的话，这会变成现实。

没有批判性思维，分析性思维也将很难运行。面对一个问题，我们会发现很难通过逻辑的方式剖析和研究来找到答案或解决方案。我们甚至都不清楚自己在想什么。

科学已经证明分析思维是存在的，一个做数学题的孩子会表现出这样的大脑活动：系统2缓慢地深度思考，而一个成年人开车时很少注意到它的机制：系统1快速地自动思考。

简而言之，熠熠生辉的大脑的反思能力允许我们批判性地思考以及最终进行分析性地思考。

特点三：慢下来

在全球范围内，随着食品、育儿、时尚、科技等众多其他领域的转变速度都在加快，这种慢下来的趋势已经受到越来越多人的关注。人们越来越意识到——也越来越享受——慢下来的力量和好处。

因为慢下来可以给人们带来很多益处和教训。比如管理认知重评的能力。

2014年，麻省理工学院的神经科学家发现，人脑处理图像信息只需要13毫秒，眨眼需要100毫秒。相对来说，我们的反应看起来非常快。

因此，认知重新评价对于让我们慢下来非常有帮助。大脑的这个处理过程能让我们能够停下来重新评估自己对某个情景的最初反应。它让我们不去认为配偶对自己毫无帮助，并因此变得心烦意乱。相反，它会调节我们的情绪来做出更适当的回应，所以我们后来才意识到他或她只是没有听到我们洗碗的请求。

神经成像研究一致表明，大脑区域之间的活动相关性随着时间的推移在不断进化，空间格局经历形成、消解和改造的过程。大脑活动的同步性在极其缓慢地发生变化。即使大脑处于休息状态，也会形成和分解多个协调的大脑区域的群落。我们的大脑需要慢下来才能更好地运转，这与卡尼曼所提出的思维体系和最佳运行环境的观点非常一致。

系统2需要放慢速度，以便进行深度思考。相对于一种像直觉一样漫不经心的、更快、更松散的思维方式，更长的深度思考时间能让结果更可靠。具有批判性思维能力的系统2需要运行时间。

一个常见的谬误是，事物变化得越快，我们就需要思考得越快。我们花费了太多的时间试图解决问题、重新设计、按时完成任务等，以至于没有时间进行深入而缓慢地思考。

凯尼恩学院（Kenyon College）院长肖恩·迪凯特（Sean Decatur）就推崇缓慢思考。他在2020年发表的一篇阐述缓慢思考的重要性的文章中指出，尽管快速思考是生存所必需的，但面对新冠肺炎的VUCA（volatility、uncertainty、complexity、ambiguity，意思为不稳定、不确定、复杂和模糊）特点，仅靠快速思考无法有效应对危机。

"情况瞬息万变，且出人意料；未来充满不确定性；问题的解决方案通常是模糊的，并需要综合复杂的、跨学科的概念。在这种情况下，快速思考就会崩溃。在我们没有经历过新冠肺炎疫情时，我们就不能依靠快速思考——基于对周围线索的启发式分析而采取行动——来指导我们的行动或生存活动。"

相反，缓慢思考才是生存的关键。

"快速思考有助于我们成为人类，但缓慢思考使我们拥有人性。"听觉是快速的——即使是在获取信息时，听觉也是快速的——但倾听是缓慢的；情绪反应很快，但同理心反应（理解他人的经历）则很慢。

关键是，缓慢思考不仅仅关于学习。

"缓慢思考往往始于遗忘，"迪凯特说，"以不同的方式看世界，比如学习新视角，努力处理有矛盾的信息以及只花时间来加工我们的想法和对思考本身采取行动等，所有这些都会重塑我们的物理大脑，拆解并建立新的神经连接。只学习是不够的，我们必须用遗忘和再学习来补充现有的知识结构。"

这种"遗忘"和"再学习"在很大程度上是通过减缓视觉和认知的速度来实现的。

心理学家盖伊·克拉克斯顿（Guy Claxton）在他的《野兔的头脑，乌龟的智力》（*Hare Brain, Tortoise Mind*）一书中评论道，在混乱和复杂的情况下，缓慢的认识更重要。"一个人需要能够通过'毛孔'吸收复杂领域的经验，比如人际关系，并从中发现隐藏其中的微妙、偶然的模式，"克拉克斯顿说道，"要做到这一点，一个人需要能够在不理解的情况下耐心地处理各种情况，不轻易放弃可让我们有所收获的经历。"

克拉克斯顿引用了诗人约翰·济慈（John Keats）对消极能力的描述。消极能力是指即使在不理解状况的情况下，也能用心等待的能力："这样的等待需要一种内在的安全感和一种不惧怕一个人在不失去自我的情况下可能会失去清醒大脑和自控力的信心。"

一个很好的例子就是在教室上课。8秒是人类注意力范围的最新估算时长，因此教师经常在学生掌握知识的速度和学生理解之间左右为难。然而，引导学生掌握批判性思维和创造力等技能，意味着学生需要在课堂上认真学习。教师需要给学生机会慢慢观看并练习观察细节，这样他们就能不局限于第一印象，通过文本、想法、一件艺术品或任何其他类型的物体为学生创造出更身临其境的体验。这一做法为学生腾出了空间，让他们能够理解和欣赏我们所生活的世界的丰富性。

总之，慢下来会让我们头脑清醒。它让我们能看到全局，因为我们不再像以前那样在匆匆忙忙中错过重要的细节。

特点四：做决定

在恐慌和混乱面前，最糟糕的做法是为避免受到新冠肺炎的严重威胁而仓促做出决定。做出深思熟虑的决定，让系统2能够控制思考并做出有意义的评估，这确实能够帮助我们避免很多严重后果的发生。

在面对问题时，我们知道系统1会直觉地参考相关经验来尽其所能找到一个合适的解决方案。然而，当问题是系统

1以前没有解决过的难题时，大脑会自动地用一个更简单的相关问题来代替这个难题。

卡尼曼在谈到这种替换倾向时说："这是直觉启发的本质，当面对一个困难的问题时，人们通常会回答一个更简单的问题而不会注意到自己已将困难问题进行了替换。"

1986年的"挑战者号"（Challenger）航天飞机灾难就是一个由于严重误判而产生惨重后果的例子。媒体、国家和整个世界都在等待发射，这给美国国家航空航天局（NASA）带来了巨大的压力。虽然有证据表明在寒冷的天气里飞船的"O形环"存在问题，但这些压力迫使他们继续发射。有限理性原则（The Principle of Bounded Rationality）指出，人们只有很有限的时间和精力来做一个审慎的决定；在这种情况下，美国国家航空航天局在时间的限制下，无法做出理性的决定。在系统1的作用下，他们最终做出了继续发射的糟糕决定，结果以一场真正的悲剧收场。如果让系统2参与的话，这场灾难本可以避免。

因此，如果我们坚持让系统2参与解决困难问题并避免快速思考，系统2就会脱颖而出，从而做出更好的决定，而不是仅仅因为照片墙上的一个帖子、报纸头条或某人说的话就做出回应。

任何一个领导者做决策都是十分艰难和冒险的，因为有太多的风险。一个糟糕的决定可以毁掉整个职业生涯、公司精心制订的计划以及公司多年的信誉和声誉。领导者头脑中的想法，无论是心理陷阱还是启发式缺陷，都是系统1的无形武器，可以决定决策的成败。因此我们需要系统2。

如果没有系统2，明智的决策、机敏的决策或周全的决策可能永远都不会存在。

特点五：产生怀疑

我们在需要做出评估和合理决定时应保持警惕，这是非常必要的，因为我们的大脑天生喜欢走捷径。系统1发现，每次我们需要做决定时，做一个全面的评估需要太多的脑力工作。这会导致限制自身观点的狭隘思维的产生，并编出一个引人入胜的故事，让我们在做决定时充满信心。

因此，我们最终会有选择性地挑选那些证实自己已有信念和想法的信息，而非质疑这些信息或寻找新信息。这种选择性的挑选被称为"确认偏误"①。这就是为什么你和你的

---

① 也称"证实偏差"或"确认偏差"。——译者注

朋友在关于哪个方案更好的问题上持相反的观点。即使看到相同的证据，但基于已有证据，双方仍然会认为各自都是正确的。确认偏误在根深蒂固的、意识形态的或情绪化的观念中发挥的作用最大。当我们不能以公正的方式评估信息时，就会导致严重的误判。

科学通常被视为一门揭示事实和确定性过程的科目。然而，悖论是科学在于怀疑。它挑战假设和事实，从而生产新的知识，提出新的问题，每当新的发现表明我们之前的理解是错误的，它就会改变我们对世界的理解。怀疑创造了新的范例。这才是推动科学发展的真正驱动力。怀疑推翻旧的认知，为新的认知让路。

系统2为我们的思维打开了一个全新的世界和多个视角，因为它有质疑和怀疑的能力。这种怀疑的能力让我们不再急于下结论。正如卡尼曼所言，我们从相信"你看到的就是一切"，到经过深思熟虑后实际看到的东西要多得多，因此我们需要更努力、更深入地思考。

沃顿商学院（Wharton School）教授亚当·格兰特（Adam Grant）在他的著作《重新思考：知道你不知道什么的力量》（*Think Again: The Power of Knowing What You Don't Know*）中，邀我们探索反思是如何发生的，并放弃不再对我们有用的知识和观点，从系统1转向考虑可能性而非确定性的灵活的系统2。

2016年，全球数百万人观看了李世石（Lee Sedol）和阿尔法狗（AlphaGo）之间的一场历史性比赛。李世石被认为是世界上最优秀的围棋选手，而阿尔法狗是由谷歌旗下的伦敦人工智能实验室（London AI lab）"深蓝"（DeepMind）的研究人员设计的人工智能机器。

在这场比赛中，阿尔法狗在第二场比赛中打出了令人震惊的第37步，彻底击败了李世石，这震惊了所有人，从来没有人做出过如此漂亮的举动。李世石在第四局中以被称为"上帝之手"的第78步击败了阿尔法狗，他突袭了阿尔法狗。这种万分之一的走法与阿尔法狗万分之一的走法如出一辙。

阿尔法狗为了研究人类的棋法接受了多年的训练，而李世石只有一场比赛可以向机器学习，而且也做到了和阿尔法狗一样漂亮的事情。

这场比赛证明了人类熠熠生辉的大脑的才能永远不会被机器打败。

作为一个物种，人类的智力正日益受到挑战。计算机和机器人已经在许多方面超越了人类——无论是下棋还是社交媒体内容的推荐算法方面。如果不是因为李世石与阿尔法狗的比赛，这看起来就十分令人沮丧了。计算机和机器人不知道自己不知道什么。

而人类有能力使用元认知策略。我们可以思考我们的思维，发现自己以前不知道的东西，并赋予其意义，还可以学习、遗忘、再学习。这就是我们熠熠生辉的大脑的价值所在。这个大脑与纳什震惊全世界的那个大脑是一样的。

第二部分

由内到外地创造未来实践

第四章

大脑可以变得更聪明

智力的成长应该从出生开始，直到死亡才停止。

———爱因斯坦

想象一下，你正在游览一个陌生的小镇，但此时你的手机和导航仪都坏了，你无法依赖全球定位系统（GPS），所以你需要找一份纸质路线图。

这可能会让你感觉很困难，坦率地说，如果没有人告诉你下一个左转的具体指示，独自摸索路线会相当困难。没有电子导航以及由此导致的使用地图的困难表明，与阅读地图相关的神经通路已经减弱，甚至随着时间的推移会逐渐消失。

经过一段时间的地图定位、阅读路标和匹配地图与道路后，利用纸质路线图突然间似乎又变得容易了。瞧！你又一次像专业人士一样在路上行驶了。

欢迎来到神经可塑性的世界。

神经可塑性是指大脑创造、加强、削弱或消除神经连接的能力。基于神经元活动经验，新的神经连接可以形成，旧的神经连接可以修改或重新连接。神经通路在神经元、轴突和突触的奇妙舞步中生长和重组。

人们曾经普遍认为，孩子一旦长大，大脑就会停止生长。但神经科学研究表明，人的大脑在一生中都可以继续生长并建立新的神经连接。这是好消息！

如果我们想变得更聪明，那么在任何年龄都可以。我们所需要的是正确的锻炼以保持大脑的可塑性。

神经可塑性有两种类型——功能可塑性和结构可塑性。功能可塑性经常受到人们的关注，因为它在治疗脑损伤（如事故）方面发挥着重要的作用。大脑功能从受损的部分转移到未受损的部分，这样患者就可以重新学习如何使用这些功能。

然而，结构神经可塑性是我想更详细地介绍的，因为它在我们培养创建未来实践的能力中起很大的作用。

这种可塑性是由记忆和经历建立起来的。比如伦敦出租车司机的例子。为了通过考试成为一名伦敦的出租车司机，申请者需要经过3—4年的培训，并通过一系列关于他们在查令十字（Charing Cross）车站约10千米半径内记忆25000个迷宫般的街道以及成千上万的旅游景点和热点的能力的测试。

结果是什么呢？这些出租车司机大脑中的海马体增加了，这要么是由于新的神经元生长，要么是因为神经元之间产生了新的神经连接。这些出租车司机因为大脑发育而变得更加"聪明"了。

在2019年斯坦福大学（Stanford University）和亚利桑那州立大学（Arizona State University）的一项联合研究中发现，海马体负责编码环境相关特征之间的关联，然后将这些关联用于学习和形成新的记忆。传统的趋同和发散思维缺乏将两个或多个看似不相关的想法联系起来，然后将它们重新组合成一个可靠的想法的能力。图4-1显示了趋同、发散与联想的区别。

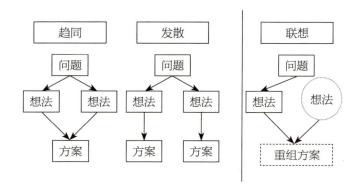

图4-1　趋同、发散与联想的区别

所以，有一种方法可以让人变得更聪明，更有创造力，从而打破系统1的局限。

还有一步，那就是神经可塑性还需要强化某些东西，以充分发挥其潜力。

大脑课程101

让我们来看看研究对象苏珊·罗伯特（Susan Robert）的大脑。

39岁的苏珊是一名数据分析师，周末她会在不同街区的繁忙街道和后巷中漫步拍照。她尝试将前卫摄影与玻璃雕塑结合起来，这在艺术界引起了不小的轰动。

在苏珊忙于将摄影和玻璃雕塑结合起来的工作时，可以观察到她的大脑中无数的神经元发出电信号并在它们之间形成轴突连接。这些被称为神经通路的连接通过将一个神经元连接到另一个神经元来传递信息。

作为一名自学成才的摄影师和艺术家，苏珊必须从零开始学习摄影技术，她沉浸在玻璃雕塑课程中，并想出如何将两者结合在一起从而创造出美丽的艺术雕塑的途径。但学习新事物，走出自己的知识舒适区的做法正让她变得更加聪明，而她自己可能还不知道这件事。

建立神经通路和髓鞘形成

我们的大脑由大约850亿个神经元组成。大量的神经细胞挤在一个相对较小的区域内。

每个神经元就像一个信使，通过神经冲动向其他神经元发送信号。由于神经元是中枢神经系统的一部分，这些信号通过神经传递到身体，允许你做任何自己想做的事，无论是说话、吃东西还是无数次地尝试穿针引线。每个神经元可以与大脑中多达1万个其他神经元连接，形成一个看起来像密密麻麻的像蜘蛛网一样的结构。

这些神经元之间连接的部位被称为突触，神经元的连接则形成神经通路。突触密度的时间变化见图4-2。心理学家唐纳德·赫布（Donald Hebb）提出了著名的理论"一起放电的神经元会紧紧相连"来解释这些神经通路。当我们学习新事物并重复它时，参与这一过程的各种神经元会以新的顺序反复地聚集在一起，并作为一个集体连接在一起。

反复的发射表明新的神经通路很重要。因此，每当我们有意识地深入地练习某件事时，每当我们努力克服挑战或学习一项新技术时，神经通路就会形成并得到强化。深刻的结构变化是由我们的学习和经验造成的。实际上，我们是在重塑自己的大脑。

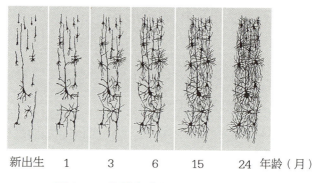

新出生　　1　　　3　　　6　　　15　　24　年龄（月）

图4-2　突触密度的时间变化

大脑的变化并不止于此，那些不断发出刺激信号建立神经通路的神经元也会发出信号去做其他事情。

髓鞘形成。

如果解剖大脑，就会发现看起来像白色纤维束的东西。这些实际上是被一种叫作髓磷脂的脂肪物质包裹的神经通路，髓磷脂起着保护和绝缘的作用。它就像我们家里电线上的保护性绝缘层一样，髓磷脂可以防止神经冲动从突触中泄漏出来。

想象一下空调电缆周围厚厚的绝缘层。它们保护铜线，保证内部冷空气传输正常。当冷空气通过吹风机进入房间时，热量或任何其他干扰都不会导致温度调节受影响。大脑也是这样工作的。

髓磷脂也能提高信息在大脑中传播的传输速度。我们不是想要高效率的大脑吗？髓磷脂的质量越高，信息传播的速度就越快——髓磷脂含量高的神经通路比一般的神经通路传输速度可快300倍。这好比是骑马旅行与坐喷气式飞机旅行的差别。这些神经通路的传输速度和效率被优化，直至其成为默认行为，因为大脑总是选择有髓鞘的神经通路。

爱因斯坦在1955年去世后，他的大脑被保存了下来。但限于当时的技术，科学家们没有发现他大脑的与众不同之处。然而，25年后的1980年，随着研究大脑技术和相关知识的提高，科学家们再次检查了爱因斯坦的大脑，以寻找他成为天才的秘密。在爱因斯坦的大脑中，他们并没有发现非常多的神经元，而是发现了比普通大脑数量更多的白色脂肪物质。爱因斯坦的大脑中有大量的髓磷脂，它还被填充了更多的胶质细胞，这些细胞不仅可以产生更多的髓磷脂，而且还可以为神经元提供营养能量。

爱因斯坦的大脑与一般人的大脑的另一个区别在于，他大脑的不同脑叶和两个半球是更紧密地联系在一起的。控制高级思维的右额叶比普通大脑有更多的皱褶。胼胝体也比普通大脑更厚，这意味着其大脑不同部分之间可以更多和更好地交流及连接。

这可能意味着，当爱因斯坦产生某个想法时，它会绕过严格的逻辑序列，通过大脑的很多区域，比如数学、空间、语言、视觉区域。为了让这种流动的、看似随机的信息传递发生，他可能经常做白日梦。

简而言之，髓磷脂是让人变得更聪明、思考得更快、工作得更好的物质。它可以帮人们达到天才的水平。

不断放电的神经元提醒一组被称为少突胶质细胞的脑细胞向部分神经通路伸出触手状的手臂，从而抓住它们，并且，这些脑细胞开始向中心包裹舌状膜，并沿着神经通路向外扩张，这时，髓鞘形成的魔力就发生了。这些神经通路上的髓鞘段与被称为郎飞结（Nodes of Ranvier）[1]的微小缝隙相连，正是这些结让电脉冲可以在节点之间传递。

当郎飞结的每个节点被邻近的髓鞘节段挤压得更紧时，触发脉冲所需的时间会更短，因此脉冲启动得也会更快。这意味着髓鞘较多的神经通路传递信号要比无髓鞘或少髓鞘的神经通路快得多。图4-3为髓鞘的构造。

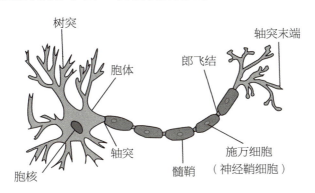

图4-3　髓鞘的构造

学习，重复，休息

就像任何一个成功的运动员会告诉你的那样，没有什么

---

[1]　髓神经纤维绞扼所致的小结。——译者注

能代替在健身房的刻苦训练。同样，我们的大脑——确切地说是髓磷脂——需要锻炼才能变得强壮和健康。

首先是学习。

微软首席执行官萨提亚·纳德拉曾说："许多认识我的人都说，好奇心和求知欲也是我的特征。我买的书多得看不完。我报名参加的在线课程也多得学不完。

"我真的认为，如果你不学习新的东西，你就没有在做伟大和有用的事情。"

纳德拉对学习的渴望和想做更多事情的欲望体现在他的领导风格和愿景上。他担任微软的首席执行官后在给员工的第一封电子邮件中说，他在微软的原因是想要通过技术改变世界，让人们能够做令人惊叹的事情。

我知道这听起来有点夸张，但这是真的。我们已经做到了，我们今天正在做，以后这个团队将再次做到。

"这是一个软件驱动的世界。它将更好地将我们与朋友和家人联系起来，并帮助我们以前所未有的方式观察、表达和分享世界。它将使企业能够以更有意义的方式与客户互动……我们拥有前所未有的能力来改变这个世界。"

如果不学习、不接受新的观点和做事的方式，实现这样的愿景几乎是不可能的。

然后是重复。

如果观察一个小孩学习系纽扣，你会发现他一开始很费劲。他会一次又一次地试着把纽扣穿进扣眼里，直到最后他可以毫不费力地把扣子穿进去。这个过程就是髓鞘形成的过程。当我们学习新东西时，神经元会发出信号来采取某些行动。这个过程是乏味和困难的，而且可能还会不舒服，特别是如果它需要不断地检索信息的时候。它甚至会让人头疼！

重复可以激活神经元，有助于髓鞘形成，并帮助将这些指令模式固定下来。

不专心地重复一个过程实际上会花费人们更长的时间来学习和掌握这个过程。选择把这个过程分成几个模块，然后重复练习这些模块，而不是以更少的次数重复整个过程。这会让这个过程有更多的重复和更多的连接。慢一点，渐渐地再加快速度。这样你的神经元就会习惯按正确的顺序发出信号，并且会犯更少的错误。

最后是睡眠。

我们的大脑如何吸收新信息与频繁地、短时间地重复学习相关。休息和睡眠使神经元细胞的活动被分隔开来。反过来，休息后的神经元细胞会更容易地将信号传递给不同的神经元。

你知道吗？大部分髓磷脂是在晚上产生的！无数研究都指出了睡眠对大脑健康的重要性。大脑由血糖提供能量，并含有有限数量的糖原。这些能量和糖原会在人清醒的时候被消耗掉，睡眠可以让大脑重新储存这些糖原，这样我们在睡后就能充满能量。没有足够的睡眠，人的大脑就会处于低能量状态。长期这样，我们就无法学习、记忆和集中注意力。

你妈妈坚持让你每晚睡足8小时是正确的！

专注于髓鞘的形成

我曾经辅导过一个客户。

杰克是一位富有的亚洲商人，他经营着自己的家族企业集团。有一天，他找到我，问我是否可以亲自辅导他在美国一所顶级商学院攻读硕士学位。我便暂时回到美国，辅导杰克。他同时也在跟着这个国家一些非常优秀和聪明的人学习，包括学院中的诺贝尔奖得主。

然而，我注意到杰克学习的方式。由于生意的缘故，他的注意力经常被分配到学习以外的工作上。他的注意力经常放在打电话、发信息和发邮件谈生意上。尽管他能接触到顶尖人才，还能请到一位私人教师，但最后考试结果公布时，他只是勉强通过了考试。这并不令人意外。

我意识到他的髓鞘一直在用错误的神经通路。杰克一直在训练他的大脑在学习和工作之间不断地转换注意力，这样会同时随机地触发不同的大脑回路。它可能在无意识的大脑回路中导致了髓鞘的形成。

这清楚地表明，髓鞘形成是我们的"武器库"中一个非常强大的工具，它可以让我们的大脑变得更聪明。

所以当下次你考虑并且一直在进行多任务处理的时候，想一想你是否正在把预期的神经通路进行髓鞘化。

小心突触修饰

不过，如果我们不首先保护好现有的突触，那么我们所有的构建和加强髓磷脂的努力都将变成徒劳。毕竟，如果没有突触，就不会形成髓鞘。

在我们生活的世界上，有一种叫作突触修饰（synaptic pruning）的现象越来越容易发生。为了理解它的含义，让我们将其类比为一个城市，道路贯穿其中，并与建筑物等其他结构交织在一起。如果一段时间后，城市规划人员发现某条道路不再使用，因为人们发现其他道路更能满足他们的需求。这时，他们就会关闭这条道路，并将该空间用于其他更紧迫的目的。城市相当于我们的大脑，道路相当于我们的突触。对于每一条不再使用的神经通路，高效的大脑会自然地将其剔除，并将其宝贵的资源用在其他被认为更有价值的方面。突触被修剪得越多，我们大脑中的连接就越少，需要的髓磷脂也就越少。这降低了我们大脑的威力。

如果再加上过滤气泡和回音室的数字陷阱，以及我们在第二章中探讨的数字成瘾这些因素，我们会发现自己处于一场失败的战斗中。突触修饰不仅会让我们遗忘，这些数字陷阱还会让我们慢慢失去学习的能力。数字世界的危险将会被释放出来，对我们的大脑进行最后一击。

因此，我们必须不惜一切代价保护自己的大脑。但是该如何做呢？

我们要确保各种各样的信息能进入我们的大脑，还要经常体验新事物。从广义上来说，有一个简单的解决办法就是旅行。既可以全球旅行，也可以到你的城市中平时不怎么去的地方旅行。去你平常不常去吃饭的地方吃饭，走不同的路，逛不同的商店。感受你所看到、闻到、听到的差异，让你的大脑漫游。接受那些看起来不寻常，甚至不舒服的事物。所有这些看似随机和新颖的输入都会进入你大脑的最深处，在未来需要的时候使你恍然大悟，你会以最具创造性的方式使用到这些输入的信息。

因此，并非所有的希望都破灭了。有一种方法可以让你变得更聪明、更有创造力，从而走出系统1的陷阱，进入系统2。

第五章

逃离系统 1

我们遵循这样一条原则，把与骑自行车有关的环节拆解，把每个拆解出来的部分都改进 1%，汇总起来之后，整体就会得到显著提高。

——戴夫·布雷斯福德（Dave Brailsford）

柔道是世界上练得较多的武术形式之一。

这项武术由嘉纳治五郎（Jigoro Kano）于1882年创立。1964年，男子柔道被列为奥运会比赛项目，并因其惊人的投掷技巧、扭打、锁臂和固定动作而受到认可。柔道是一项迅速、果敢的格斗项目，并催生了许多其他武术形式，包括由著名的以色列军队练习的致命的近身格斗术（Krav Maga）。

但是你知道柔道也被称为"温柔的道路"吗？——"ju"在古文"jujusu"中是"温柔"的意思，"do"是"道路"的意思。

当嘉纳治五郎第一次创造这种武术形式时，他将"以柔克刚"和"以小搏大"的原则结合在一起。柔与动的结合意味着一个人屈服，并不抵抗对手的行动。但正是在这种表面的服从中，力量被还给对手，从而将对手打败。

当提到力量时，我们会把它与坚硬、强硬和不妥协等特点联系起来。坚强的人是强大的、顽强的，是牢不可摧的。坚强是好的，软弱则不然。

然而，与通常的理解相反，"软"拥有巨大的力量。正如李小龙的名言："像水一样吧，朋友！"水看起来很弱，但它拥有强大的力量。日积月累，森林中柔和的溪流可以在岩石中冲刷出小路来。

研究表明，选择未知和不确定性的道路也是有帮助的，即使是在传统上比较困难和客观的领域，比如数学。16世纪，意大利数学家拉斐尔·邦贝利（Rafael Bombelli）发现，将数字视为抽象或虚数，而不是具体的实体，可以解决地球上一些困难的问题。如今，虚数被当作基础数学来教授，它是数学和科学等许多领域的基础。

这和从系统1的思维方式转移到系统2的思维方式有什么关系？我们到底是否能够轻易地让自己慢下来，有意识地思考，并利用好系统2？

大家可以快速做一个小测试来确定自己系统转换的能力。思考一下《问题解决杂志》（*The Journal of Problem Solving*）于2015年发表的一项研究中的这些脑筋急转弯：

1.一个男人正在读书的时候灯突然灭了。虽然他所在的房间漆黑一片，但他仍然继续读书。他是如何做到的？（这本书不是电子书）

2.一位魔术师声称，他能把一个乒乓球扔出去后，让它近距离飞一段时间后突然停下来并自己回来。他补充道，他不会通过把球撞到任何物体上、给它绑上任何东西或让它旋转来实现这些，那么他是如何做到的？

3.两个母亲和两个女儿在钓鱼。她们钓到了一条大鱼、一条小鱼和一条肥鱼。因为她们只钓到了三条鱼，怎么才能让每个女人都得到一条鱼呢？

4.玛莎（Marsha）和玛乔丽（Marjori）是在同年同月同日出生的，她们的父亲和母亲也是同一个人，但她们并不是双胞胎。这是为什么？

答案：

1.这个人不需要光来阅读，因为他是盲人，他读的是盲文书。

2.魔术师把球纵向扔向空中，而不是水平扔的，所以它的运动是由重力反转的，而不需要与地面、桌子或墙壁碰撞。

3.因为船上只有三个女人——一个女孩、女孩的母亲和女孩的姥姥，所以她们每人都能得到一条鱼。

4.玛莎和玛乔丽不是双胞胎，而是三胞胎。

你答对了吗？平均来说，只有不到一半的被试答对了这些问题。人们的答案往往基于先入为主的思维框架，这会导致对问题描述的情景产生错误的理解。显然，这些先入为主的想法和解释很少或没有经过有意识的思考便会自动出现在脑海中，这就是系统1在起作用。即使我们意识到自己正在接受测试，并且也知道需要运用系统2，但我们仍然很难打破这些思维习惯。摆脱系统1的定式思维是一项艰难的工作。

为了摆脱这种默认的思维牢笼，我们不能依靠常规的强制性方法，尤其是在我们处理潜意识的认知过程时。通常情况下，做某件事情越困难，就越需要采取温和的方式才能找到解决问题的方法。

努力变伟大

我们要想从这个棘手的陷阱中解脱出来，就要首先了解人类的行为偏好。

作为人类，我们喜欢自由。喜欢主动选择，而不是被强迫。即使是现代育儿大师，也在强调让1岁的幼儿自主选择穿什么和玩什么的好处。

我们也喜欢处理在认知上更容易处理的东西，也可以说是选择阻力最小的途径。当做某事需要的脑力远远超过我们认为应该使用的脑力时，我们通常会选择回避或推迟，有时会是无限期推迟。

最后，我们喜欢把事情想象成是可控的。因为这样就不会那么有危机感。在我们的大脑高强度工作以及因为疲劳（或懒惰）完全放弃手头的任务之前，我们只能忍受这些。

在理解人类固有的这种非理性的背景下，2017年诺贝尔经济学奖得主理查德·塞勒（Richard Thaler）形成了其行为科学研究的核心。塞勒发现，一些看似极其合乎逻辑且有益的东西，可能会因为表面上一些微不足道的原因而被人们拒绝，这些原因里又掺杂着偏见和情绪。

他提出了如今被称为"助推理论"（Nudge Theory）的理论，并因与卡斯·R.桑斯坦（Cass R.Sunstein）合著的一本书而声名鹊起。这本书名为《助推：如何做出有关健康、财富与幸福的最佳决策》（*Nudge: Improving Decisions about Health, Wealth, and Happiness*）。在文中，作者这样定义他们的概念：

"助推……可以是选择架构的任何方面。这些方面以一种可预见的方式改变人们的行为，而不禁止任何选择或明显改变他们的经济上激励。"助推必须要能够轻易地避免干预，助推不是强制。

简单来说，它指的是鼓励人们通过某种选择方式或行为方式改变环境。比如，建筑师可以设计出允许人们自由选择的环境，同时引导他们做出更好的选择。这些方法都是微小的、温和的小助推。这些助推帮助我们从自动决策和思考的系统1的方式转向预期的结果。

助推可能看起来很微小，但它们是能带来巨大变化的涟漪。从个人到企业，全世界都已经认识到了看似微小而简单的东西的力量。

就连政府也参与其中了。2010年，时任英国首相的戴维·卡梅伦（David Cameron）成立了"行为洞察小组"，也被称为"助推小组"。成立这个小组目的很简单，就是帮助人们为自己做出更好的决策。已运行的助推小组影响宏观决策，目的是把实际的微观决策引导至预定的方向。这是一个为了实现大目标而考虑小问题的例子——它确实做到了，并在全英国不断取得成功。

如果外部的激励可以在国家层面上起作用，那么是否也可以把它运用到个人层面以摆脱系统1产生的即时反应呢？

当然可以，而且规则很简单。当你决定做什么以及将自己从默认的思维方式助推入目的性思维方式时，需要牢记三点。

规则1是选择最强烈的好奇心。

当你想要解决一个需要系统2参与的不知道解决方案的问题时，尝试着从问题最新颖的部分开始。

你还记得上次你对某件事感到好奇，感觉自己又活了过来是什么时候吗？也许你发现自己注意到周围的景象、声音和感觉，变得专注于此时此地。这种自然的好奇心将有助于向系统2发送信号，将其激活并有目的地与当前任务进行交互。与此同时，自我引导的好奇心意味着你会想要系统2保持更长时间的参与（记住自由选择的重要性）。随着时间的推移，系统2将更容易发挥作用。

规则2是专注于一个目标。

我们可能都在某个时刻做过这样的事情。新年来临了，我们把它看作是一个新的开始的最好时机。我们列出了自己想要改善的事情，并下决心使今年成为健身、健康饮食、花更多时间陪伴家人和做好事的一年。然而到了3月，这张清单可能已经被扔到我们精神抽屉的一个角落里，因为生活阻碍了我们实现这些目标。有太多的事情要去做。这样的循环在一年又一年地重复着。

问题是，当我们试图同时实现几个雄心勃勃的目标时，我们的努力就会被削弱。实现一个目标所需要的认知努力将会消耗实现其他目标所需要的努力，换句话说，对大多数人来说，问题不在于缺乏目标，而是定的目标太多了。

类似地，当有一个难题或新问题需要解决时，我们应该专注于它的特定部分。这种由助推而来的简化原则的方法将帮助我们诱使懒惰的系统2花更长的时间来解决问题。

规则3是拆分你的目标。

英国国家自行车队在其历史上的大部分时间里成绩都平平无奇，直到2003年戴夫·布雷斯福德被聘为该队的绩效总监。他寻求在自行车的各个方面做出改变——从自行车座椅的设计和比赛服的面料，到管理队员洗手的方式，甚至他们睡的枕头和床垫。在2008年的北京奥运会上，他们狂揽60%的金牌，并在8年时间里获得了多次环法自行车赛①的冠军。

巨大的进步并非来自大的变化，而是来自布雷斯福德所说的边际增益的总和。布雷斯福德说："我们遵循这样一条原则，如果你把与骑自行车有关的环节拆解，把每个拆解出来的部分都改进1%，汇总起来之后，整体就会得到显著提高。"

布雷斯福德关于提高1%的边际增益理论的核心是组块（chunk）概念。把事情分解成更容易做到的组块——每当成功地完成了其中的一部分时，我们的恐惧感会减少，自信心会增加。成功是建立在小的成功之上的。

把一个问题拆分成几部分来处理，需要弄清楚手头任务

---

① 年度多阶段公路自行车运动赛事，主要在法国举办。——译者注

的不同组成部分和任务所处的阶段；拆分也可以是把一个整体目标分解成几个部分。这两种方式都允许我们应用助推中的轻松和方便原则。

记住以上三条带我们逃出系统1的规则，因为它们将引导我们走向系统2。在本章剩余部分和接下来的两章中，笔者将介绍走进系统2的四个步骤：培养一个安静的大脑、犯错、执行创造未来实践的仪式（R）和接受未来实践的训练（T）。

安静的大脑也是问题的关键。为安静创造一个字面和比喻的空间——通过激活我们的默认模式网络（Default Mode Network）来进行富有创造性和想象力的工作，并找到心流——将自然而然地使安静的大脑占据舞台中心。

让我们来仔细看一下。

默认模式网络的正念流

正是在苹果树的舒适的树荫下，牛顿手捧着一杯茶思考，发现了万有引力定律。在那里，在成熟苹果的香味中，牛顿看到又一个苹果从树上掉了下来，他想知道为什么。

他这种近乎梦幻的"大脑漫游"发现了历史上著名的物

理定律之一。

令人惊讶的是，这样的智慧是以一种似乎偶然的方式出现的。

人们普遍认为，为了解决一个问题或应对棘手的情况，往往需要长时间地认真思考。我们会花上几个小时研究，寻找解决方案，埋头苦干，直到我们找到自己所需要的答案才停下来。在企业和其他机构，经常出现"加班""通宵工作"等赞美长时间工作的勤劳员工的说法。但事实是，想法往往产生于闲散的头脑，而不是忙碌的头脑。

神经科学可以让我们深入了解这种反常现象。

我们的大脑包含许多不同的网络，其中一个被称为"默认模式网络"。虽然它的名字听起来难以理解，但实际上是我们产生创造力的地方。

回想一下，你最近一次对一件你已经思考了很长一段时间的事情突然茅塞顿开的时刻。当你在做一些很平常的事情的时候——也许是开车、洗澡、散步的时候，新想法就产生了。新的想法不断地出现。一些以前想不通的事情开始变得能够明白其中的道理了。

这正是我们大脑中的默认模式网络的工作方式（见图5-1），它以一种反直觉的方式工作。大脑中的默认模式网络的奇妙之处在于，当我们不自觉地思考某事、做白日梦或者让我们的思想漫游和自发地思考时，它才是活跃的。当大脑没有投入到任何特别的事情时，它就会被默认触发，进而活跃起来。它避开了我们一直关注的许多刺激因素，并向内看，将很多点开始连接起来。它可以回到过去，唤起回忆，想象未来的画面，思考某人说的话是什么意思，观察周围环境中奇怪的细节，这些都是在我们没有任何明确的思考目标时大脑会随机做的事情。

在休闲活动（看电视、社交、旅行、阅读等）中，默认模式网络被激活

在认知任务（检索、计算）中，默认模式网络停止运行

图5-1　不同情境下的默认模式网络状态

因为默认模式网络位于大脑中被称为关联皮质的子区域内，它在这里访问存储在大脑其他部分的感觉和记忆数据库，并建立我们通常不会建立的联系。这些联系帮助我们赋予事物意义，是我们创造力的源泉。

创造力不是凭空而来的，想法也不是凭空产生的。我们经常把想法误认为是凭空冒出来的，或者认为新想法专属于那些具有创造力的人。但事实不是这样的。创造力往往是大脑能够建立联系、整合概念并填补空白的奇特能力的产物。

简而言之，创造力是我们想象力的产物。

想象铸造现实

我们能把想象的事物变为现实。

要创造某种东西，首先得有人去想象它。根据历史学家尤瓦尔·赫拉利（Yuval Noah Harari）在他的《人类简史：从动物到上帝》（*Sapiens: A Brief History of Humankind*）一书中表示，人类和动物的主要区别在于人拥有想象事物的能力，并能将其作为现实的一部分来对待。

某些事物的存在是因为人的想象力。作为人类，我们选择相信它，并创建与这些信念相一致的系统，比如地球是圆的而不是平的认知、把人运送到世界各地的飞机和计算机系统和云计算的发明。所有这些事物如果不是从想象开始，都不会成为现实。

因此，想象塑造了现实。我们能想象到并能说服他人支持自己的任何事情，都能成为具体的现实。想象力是一种比大脑任何其他技能都要强大的工具。想象力是产生知识和创造力的源泉，也是文明的诞生地。

发现心流

在神经精神病学领域工作了几十年的南希·安德瑞森（Nancy Andreasen）博士说："当你的大脑处于休息状态时，它真正在做的其实是不断变换想法。你的联想皮层一直在后台运行，但当你不专注于某项任务时——例如，当你在做一些不需要动脑的事情时，比如洗头发，这时你的大脑是最自由的。这就是为什么你在这种时刻最能积极地创造新想法的原因。"

如果我们想要挖掘大脑的巨大潜力，这就是我们想要达到的状态——产生想法、推动创新并将我们带入到"心流"的想象力的力量中。

发明家有过这样的体验，进入一种时间似乎停止的催眠状态是什么感觉的人，爵士音乐家、作家也都体验过。这是感官、思想和行动的完美结合。进入这种状态时，人们几乎不再有关于做事情和如何做事情的压力。它没有开始或结束的紧张感，而且毫不费力地发生了。处于"心流"状态是指处于一个觉得一切都自由、完整和无缝隙的空间中。

这就是心流。在这里，想象力会迸发出来，这是一种最佳的意识状态。

从科学的角度来说，正是这种瞬时脑前额叶功能低下的状态使显性系统的分析和元意识能力被暂时抑制。

我们知道心流发生在大脑的默认模式网络中。为了激活默认模式网络，我们应该让忙碌的大脑得到休息。

休息的大脑并非不活动。事实上，静止状态的大脑远比我们想象的要活跃。

冥想的力量

冥想练习是一个好方法？

冥想已经被科学证实可以增强想象力，能够打开人们坚不可摧之墙的心门。

在一项关于冥想对大脑网络之间和网络内部连接的影响的研究中，结果表明，有规律地冥想，可以提高大脑在默认模式网络和专注能力之间切换的能力，并能使人保持在专注状态下的注意力。此外，结构性磁共振成像（sMRI）发现，冥想可以增加髓磷脂的密度，并减少感知压力。研究发现，参加过2个月冥想训练的人，即使不在冥想的状态下，其大脑连通性也增强了。

简单地说，冥想可以提高我们大脑的能力，让大脑从忙碌的活动和注意状态转换到系统中2默认模式网络的静止状态。

当学生和客户在试图解决一个棘手的问题时，笔者总是建议他们做一个行走冥想。这种做法很简单，却非常有效。只需要在一条很短而且不会让人分心的很熟悉的小路上慢慢地、有意识地来回走，这样就不会累得上气不接下气。行走冥想消除了思考和分心的负担，还会让人意识到当下的时刻。不用着急，也没有什么事情去做。这样才能唤醒大脑中的默认模式网络并发挥它的魔力。

让空闲的大脑活跃起来

《弹性：在极速变化的世界中灵活思考》（*Elastic: Flexible Thinking in a Time of Change*）一书的作者列纳德·蒙洛迪诺（Leonard Mlodinow）描述了他与斯蒂芬·霍金（Stephen Hawking）教授的一系列对话。在每个问题之间，他都要等很长时间，霍金才能给出答案。虽然他一开始觉得很无聊，但很快就意识到，"把这几秒延长到几分钟有非常好的效果。这可以让我对他的话有更深刻的思考，也可以让我对自己的想法以及我对他的回应达到在普通对话中无法达到的深度。因此，慢节奏使我有了在匆忙的正常对话中不可能有的深度思考的交流。"

塔尔萨大学（University of Tulsa）的保罗·乐维基（Paul Lewicki）和他的团队也发现了大脑在放松状态下的力量。一组被试被要求注意一个分成四个象限的电脑屏幕，一个X图标将出现在其中一个象限，被试的任务是按下按钮，来预测X图标下次将出现在哪一个象限。被试并不知道，X图标的出现顺序是由一套复杂的规则决定的。虽然规则是复杂的，但被试在最初犯了几次错误之后，后来便能很快猜出X图标下次将会出现在哪一个象限。

实验的结果是，处于放松的心理状态的被试在实验中总能猜对，这是因为他们大脑中的默认模式网络开始运行，并在没有意识到的情况下学习复杂的模式。随着时间的推移，这部分被试能够更快地按下正确的按钮。当规则突然发生改变时，他们的表现在重新掌握新规则之前会急剧下降。

放松的心态让被试拥有了"预测"下一个动作的卓越能力，填补了分析思维无法做到的空白，因为规则太复杂了，单靠分析思维无法进行预测。

放松的重要性再怎么强调也不为过。

然而，漫无目的地放松可能并不适合现在很多企业重视生产力和效率的文化。当我们每天24小时都忙得团团转时，我们会认为自己是有生产力的、有用的。忙碌作为一种多产的象征是我们可以自豪地炫耀的荣誉象征，而放松只属于效率低下的人。

蒙洛迪诺在他的书中表示，我们对持续活动上瘾的结果是缺乏空闲时间，因此，大脑处于默认模式网络的时间也就不足了……（停机时间）给了我们综合思维空间，在不受执行大脑命令的情况下，调和不同的想法。

"（大脑的内部对话）允许我们将不同的信息连接起来，形成新的联系，并使我们从问题中后退一步，以此改变我们构建它们的方式。这些内部对话还可以让人产生新的想法……为麻烦的问题寻找具有创造性的、令人意想不到的解决方案。

"当有意识的大脑处于专注状态时，默认模式网络的联想过程并不活跃。放松的头脑才会主动探索新奇的想法；忙碌的大脑会搜索自己最熟悉的想法，而这些想法通常是最无趣的。不幸的是，随着大脑的默认模式网络越来越被边缘化，我们有越来越少的放松时间来继续大脑的内部对话。因此，我们没有机会将信息随机地联系在一起，从而产生新的想法和领悟。"

下次当你发现自己陷入无法解决问题的困境时，找一个让你放松下来的方法。你可以试着去呼吸新鲜空气，凝视窗外的景物，做一些伸展运动，听音乐，和朋友聊天或者做芳香疗法。即使是停下来喝杯水也能帮助你在纷乱的思绪中稍稍放松一下。

具体建议是，如果你所有有意识的准备、学习和寻找解决方案的努力都以无数次的碰壁告终，这就表明你的潜意识，或大脑默认模式网络已经准备好了。停下来，走开，并和你的默认模式网络交谈，然后找到一个让自己完全放松的方法。

工作时我们感到有困难，这是激活默认模式网络的关键，挣扎是至关重要的，停滞不前也是必要的。在那之前，无论我们多么放松，大脑的默认模式网络都保持在休眠状态。

学习和重复会让人感受到挣扎的痛苦。请接受这一点吧。坚持下去你就会发现自己不再那么痛苦了，这是因为神经通路已经形成并得到了加强。

这就是为什么拖延也有一定的好处。数据显示，拖延症和想象力之间存在正相关关系，因为推迟解决问题和做决策的尝试给了我们大脑的默认模式网络时间去把可能的解决方案放在首要位置。

众所周知，达·芬奇（da Vinci）在创作《最后的晚餐》时经常中断工作。艺术史学家乔尔乔·瓦萨里（Giorgio Vasari）记录道，"教会院长不断请求达·芬奇完成这个作品，因为当他看到达·芬奇有时会花半天的时间陷入沉思时就感到非常奇怪，他希望达·芬奇像花园里正在锄草的锄草者一样，永远都不要放下他手中的画笔"。

达·芬奇是如何回复的？伟大的天才有时会在做更少工作的时候完成更多的工作，比如放松。

我们都知道他那件作品是怎样的杰作。

第六章

错误：创新的关键

犯错是人之常情，但从中受益却是神圣的。

——阿尔伯特·哈伯德（Elbert Hubbard）

失败是好的。

我们应该寻求失败，鼓励失败，奖励失败。员工犯错误时可以得到奖金，学生搞砸了一项任务时可以得到鼓励。

现在停下来。

这些事情会让你有什么感觉？

如果你也是个普通人，读到这些可能会有点不舒服。尽管近年来，犯错作为学习过程的一部分已经成了一种"潮流"，但现实是社会整体上是不支持失败的。降低出错概率的工具，如六西格玛①（Six Sigma），仍被企业广泛使用它们力求成为在各自领域最好的企业广泛使用。如果工程师、医生、律师在他们的工作中犯了错误，就该感到悲哀，因为他们犯错的代价可能很高。所以每个人为了避免失败都努力将犯错的风险降到最低。没有人希望自己是因为犯了错而被记住。

有些说我们欢迎失败的人只是嘴上说说而已。毕竟，失败对他们来说没有任何意义。鼓励失败只会导致平庸、无谓的努力和整体标准的降低，这些是人类为了自己的生活和整

---

① 六西格玛是一种改善企业质量流程管理的技术，是一种追求"零缺陷"的质量管理方法。——编者注

个社会的改善几代人为之努力奋斗的普遍标准。

长期以来，失败一直是一个贬义词，被视为成功的对立面。

失败受到的歧视是不公平的——现在是时候让大家公平地对待它了。

为什么不犯错误是错的

每当笔者给学生第一次上课时，都用一条规则来开场。

"犯错误吧。"

忐忑不安的学生们听到这句话总会松一口气，笑中带着紧张，但他们也感到很困惑。其他教授没有制定这样规则的，但对我来说，我很看重一个犯错并能从错误中学习的学生，因为他在犯错之后的工作通常会质量更高，想法更透彻，而且更有活力。

在大卫·贝尔斯（David Bayles）和特德·奥兰德（Ted Orland）的书《艺术和恐惧》（*Art and Fear*）中，有一个关于陶瓷老师的故事。陶瓷老师告诉学生，班上一半学生的分数将按他们所制作罐子的数量来评判——制作50个罐子的学生得A，制作40个罐子的学生得B，以此类推。另一半学生的分数将根据他们制作的罐子的质量打分，他们只需要带上自己认为最好的、制作最完美的作品即可。

结果如何？最具创意、制作精良且质量上乘的作品都来自按照数量打分的那一组。贝尔斯和奥兰德评论道，"看来，虽然'数量'组忙着制作成堆的作品，但他们从错误中学习了。而'质量'组一直思考着关于完美的理论，最后他们的努力只收获了宏大的理论和一堆烂泥"。

创新的过程以及未来实践，实际上是一种真正放开控制让事情变正确的做法。在很多时候，前方的道路是不明朗的，人们试图找到出路的努力并不成功。以唯一身份获得两次不同领域诺贝尔奖的莱纳斯·鲍林（Linus Pauling）[1]说得很对："获得好想法的方法是获得大量的想法，把坏想法扔掉。"

放手很难，失败是一种非常不舒服的经历。然而，错误将我们从系统1的束缚中解放出来。它减少了我们对固有知识的过度自信，让我们消除理解的幻觉，发现那些自己仍然不知道的东西。此外，由于我们倾向于寻找证据来证实自己所知道的东西，这导致我们经常看不到其他选择，并且由于

---

[1] 1954年获得诺贝尔化学奖，1962年获得诺贝尔和平奖。——编者注

有效性的错觉会让我们变得盲目。因此，犯错是有必要的。

当然，当了解到犯错可以——事实上也应该——受到欢迎时，这一定会让人松一口气。允许犯错能让你从恐惧中解脱出来，并为你打开一条无拘无束的道路。关于这一点可以观察孩子们，看看他们是如何无畏地思考和提问的。孩子的思维的弹性经常会带来很多未经约束的想法，并从这些想法中产生奇妙的创意。如果我们也允许自己犯错误就好了！

想一下，在我们的内心深处，害怕犯错，因为犯错会带来不好的后果。比如，如果我的建议是错误的，导致我的公司损失数百万美元该怎么办？如果花一年时间周游世界导致我的事业脱轨，我失去了在家等我的伴侣那该怎么办？如果学习戏剧的决定导致我成为一个身无分文、苦苦挣扎的人该怎么办？有太多的如果，甚至还有更多我们想象出来的灾难性，它们阻止我们前进。为了避免受到伤害，我们犹犹豫豫、如履薄冰。

然而，我们忘记了，在现实生活中，我们会犯各种各样的错误，从无关紧要的错误到会带来严重后果的错误。我们想象的那些不可逆转的戏剧性事件只是少数，可能只占所有错误的5%，但剩下的95%的错误都是帮助我们变得更好、更强的错误。然而，这5%却是我们一直关注的，因为害怕失败，它把我们变成了"人质"，阻止我们勇敢地去尝试。

如果我们要创造未来实践，就需要那95%的错误。我们需要转换自己的关注点。

为了成功而失败

国际象棋是一种许多人都熟悉的战略游戏。为了赢得比赛，棋手必须用复杂的走法来擒获对手的"国王"，国际象棋大师们善于运用这些走法来保住自己的头衔。即使是最聪明的计算机也无法击败这些专家。

直到"深蓝"向世人证明了这是错误的。

1997年，国际商业机器公司（IBM）的超级计算机挑战了当时的世界象棋冠军——俄罗斯大师加里·卡斯帕罗夫（Garry Kasparov），并在一场历史性的比赛中击败了他。它以每秒2亿个棋盘位置的计算能力，得到正确的答案并预测到卡斯帕罗夫的走法，并最终将他打败。"深蓝"动摇了人类天生就比计算机聪明的观点。

尽管取得了令人震惊的胜利，但还有一个声称最终战胜了人类的游戏仍然没有被最好的计算机程序"参破"——围棋游戏。围棋的规则比国际象棋简单，但玩法复杂得多。目前还没有一台计算机能够涵盖围棋所有可能的走法，从而得出一个获胜的公式——这是一个超出人类想象的数字，要进行详尽的评估不太现实。

计算机获胜的唯一方法是根据概率做出猜测，当然这也有猜错的概率。正如计算机软件阿尔法狗在2015年所做的事情，它打败了欧洲围棋锦标赛（European Go Championships）冠军樊辉（Fan Hui）。

与"深蓝"穷尽所有选项来找到合适策略的方法不同，阿尔法狗不是依靠复杂的机械，而是现成的处理器，在所谓的伪随机抽样或蒙特卡洛树搜索（Monte Carlo tree search）中，去挑选并一直评估最有可能的一系列走法，然后它跟自己玩数百万次游戏，并在这个过程中学习并提高自己的性能。

简单地说，为了成功，阿尔法狗要一次又一次地猜测并犯错，它的目标不是征服大量的信息和攀登未知的高山，相反，它是通过选择更简单、知识负担更低的选项，并对它们进行探索而胜出的。就像未来实践一样，阿尔法狗之所以与众不同，是因为它把错误当作跳板，在创新方面达到了更高的高度。

错误是许多人看不到的隐藏的宝石。

科学教师安妮·史密斯（Anne Smith）在伊利诺伊州的

卡梅尔天主教高中（Carmel Catholic High School）任教。她教的9年级学生正在学习物理学科涉及的电路知识。

他们配备了一系列工具，如回形针、电池、胶带和灯泡，史密斯让他们自由地尝试并弄清楚如何操作电路。"试一下，"史密斯对他们说，"看看你能不能让灯泡亮起来。"

她坚信尝试和犯错的力量。她分享道："当允许学生学习困难的知识时，他们会获得信心。他们能够认识到犯错是探究科学过程中的一部分。"

这是一个令人耳目一新的观点，《无知：它怎样驱动科学》（Ignorance: How It Drives Science）一书的作者、生物学家斯图尔特·法尔斯坦（Stuart Firestein）也持同样的观点。在他看来，失败与怀疑一样，也是科学中最重要的因素之一。

他说："当一项实验失败或没有按照你预期的方式进行时，它其实在告诉你，还存在一些你不知道的事情。"失败表明有必要重新检查做过的步骤出了什么问题以及为什么出问题。

在对"未知之门"的深入探索中，最有价值的问题出现了。这是些能催化新想法和新实验类型的问题。当一个科学家发现了一个新的或更好的问题，这就是需要他采取行动的地方，失败推动科学前进。

事实上，2011年心理学家杰森·莫泽（Jason Moser）和密歇根州立大学（Michigan State University）的一个研究团队进行的一项研究表明：当人犯错误时，大脑活动会增加。25名参与者连线到机器上并完成一项有480个问题的测试。数据显示，那些经过更多思考但答错问题的人在随后的测试中会表现得更好。

莫泽表示，当参与者经历正确的反应和错误之间的冲突时，大脑就会受到挑战。试图理解这些新知识需要付出努力，需要做出改变……结论是通过思考做错了什么，我们就能学会如何把它做对。

"有大约三分之二的诺贝尔奖得主认为他们的获奖发现是失败的实验的结果，"法尔斯坦说。青霉素、X射线和胰岛素的发现都是因为实验失败。爱迪生在碱性蓄电池的实验中失败了9000多次（是的，他不仅发明了电灯），之后他为实验成功后的电池申请了专利。

传奇篮球明星迈克尔·乔丹（Michael Jordan）也把成功归功于失败。"在我的职业生涯中，有9000多次投篮没投中。我输过的比赛将近300场。有26次，大家都相信我能投出制胜的一球，但我都没投中。在我的人生中，我一次又一次地失败，而这就是我成功的原因。"

正如爱因斯坦说过的那样，"一个从未犯错的人是因为他不曾尝试新鲜事物"。

如果从不犯错，那么我们就不会有机会从错误中学习并增加智慧，我们也将永远无法实现自己的梦想。如果我们想让生活变得更好，这是一个必须经历的、持续的螺旋轨迹。失败和成功具有协同互补的关系，二者缺一不可。

除非你希望受到伤害，永远不要有爱上对方的想法。正如很多人都经历过的那样，恋爱会带来一种非理性。这种非理性也会影响人的智力领域。爱情是盲目的，如果我们也把它应用到自己的想法中去，就是一个非常危险的变量。一旦过分执着于自己的想法，我们就无法保持客观，也无法将自己的想法和意见与自身分离开来，我们的想法和意见就会变成我们自己，这样会阻止我们改变和产生新的想法，这往往会导致新问题产生，因为世界和知识都是在不断发展变化的。

只有当看到自己的想法和观点与自身分离时，我们才会感受到创造的自由，然后经过一次又一次的失败和创造，直到我们成功。

未来实践要求我们采取同样的态度和意愿，不断地尝试，直到我们找到自己想要寻找的东西。很明显，失败是必要的，它不是一种选择。

没有失败，就不会有成功。

疯狂的猜测

从定义上讲，未来实践是一种旨在解决组织面临的重大挑战和问题的前卫行动。前卫是创造未来实践的关键特征，它偏爱新的、具有实验性的思想和方法。

今天，实验不再只是实验室里科学家的行为活动，各行各业的企业都开始意识到实验的好处。实验能刺激创新，因为它们内在地允许修正错误的直觉、不准确的假设或过度自信。

做实验的一种方法是使用近似法。

近似法是一种猜测答案的方法——一种粗略地提出解决方案的"餐巾纸背面"①法，它经常被证明是错误的，但这种校准方法在引导我们接近正确答案方面非常有用。

想象一下，你在一个非常大的、漆黑的房间里，房间里只有一个出口，你的任务就是尽快找到它。你能做些什么呢？有些人可能会一寸一寸地沿着墙壁摸索前进，这可能

---

① 餐巾纸背面的参数是一种信息交流方法——将想法创意可视化为图形表达，从而让信息交流更充分高效。——译者注

需要很长时间。另一些人可能只是碰碰运气，根据他们对空间、尺寸、回声定位等知识的了解来调整路线，也许他们会更快完成任务。后者就是我所说的近似法。

谷歌是一家骨子里就具有创新精神的公司。创新是其生存的关键，它自然也需要具有创新精神的员工。因此，二十多年来，谷歌一直以"没有答案的面试"而闻名，其目的是弄清楚候选人答案背后的思维过程。像"帝国大厦有多重"以及"一辆公共汽车能装多少个篮球"之类的问题都有很多解决方法，但成功的面试者使用的最有用的方法之一是找出一个大概的答案。因为问题本身没有正确答案，面试者在回答问题之前，会发挥他们的聪明才智，在自己已经知道的信息块之间寻找联系，尝试各种可能的假设、组合和联系。这种批判性思维方式将理性和有组织的思维与想象力结合在一起，并对各种思想和想法进行探索——所有这些想法都是创造未来实践的沃土。

想想那些伟大的发明家，他们并不是第一个发明使他们成名的东西的人。莱特兄弟（Wright brothers）并没有发明第一架可以飞行的飞机，但在他们创造出今天大家都熟悉的飞机之前，他们研究了无数的原型机。爱迪生也不是第一个发明电灯的人，他和他的团队所做的是在找到合适的材料之前对数百种材料进行实验，改进了电灯。简单地说，爱迪生之所以能成功，很大一部分原因在于他愿意坚持做实验。其他伟大的发明家也是如此，他们一直在努力。

许多伟大的思想家经常转向另一种经典的近似的形式，即思想实验。当我们遇到看似不可能的情况时，使用思想实验让我们有机会在不需要建立实际实验的情况下，从修辞上考虑影响和结果。

如果我们想要创造未来实践，以这种方式探寻，我们的思维就可以同时进行推测、逻辑思考和范式变化。我们不再被什么能做、什么不能做的标准所束缚，而是看到了更多可能性。

我们能走出自己的舒适区去面对那些没有答案的情景吗？我们是否能够面对未知，并承认自己并非无所不知？

漫步进入新想法

当参观一家精心装饰的书店时，对其中一些人来说，这是一种熟悉的"魔法"。

就像孩子走进衣柜偶然发现了魔法王国一样，我们也想要找到一本特别的书，然后走进一个全新的世界。在过道中漫步时，我们的注意力会被一个令人兴奋的词、一个有见地的标题、一个醒目而大胆的封面所吸引。当我们因新发现而迸发出喜悦时，时间就停止了。

我非常喜欢逛纪伊国屋书店（Books Kinokuniya），它是新加坡大都会的一家书店。这是一家与众不同的书店，它远离喧闹的购物带，这家商店简直是一个"阿拉丁的洞穴"①，里面有来自世界各地的好书新书。然而，它的独特之处不在于它的书目很全，而在于该书店店员在筛选不同类型的书时的鉴别力很强，并且他们会特意把书名意旨相契合的书放在一起。

作为一个去过无数家书店的读者，我只要进入纪伊国屋书店，找到自己想读的书，便停下来思考。书中的无数想法激发我产生了之前没有的联想。

我们目前所处的社会是一个由技术驱动的生态系统，身处其中，随便浏览和寻找新联系的机会逐渐稀缺。我们不再在书店的过道里走来走去，细读书架上的书籍，而是在网上检索来获得我们需要的信息。再也不会偶遇不相关的想法、文章或书籍了。我们失去了翻看实体书书页时由空间和触觉

---

① 在《一千零一夜》故事《阿拉丁神灯》中，主人公阿拉丁发现了一个神秘的洞穴，里面有大量的宝藏。——译者注

刺激所带来的愉悦的认知快感，这是数字格式的文字——即使是在电子书中——永远无法给我们的一种感受。

我们必须要记住，创造未来实践的过程很像在书店或图书馆悠闲地浏览的过程。让我们的大脑有空间进行自由地漫游，这样才可以使它获得很多产生想法的机会，这个过程使得未来实践得以滋生。

失败带来机遇

我们犯错的能力是证明人类永远不会被计算机所取代的讨论中的主要证据。

计算机可以做许多令人惊讶的事情，人工智能几乎可以预测我们的行动和决定，甚至帮我们驾驶汽车，击败顶级国际象棋大师。但它们缺乏了解自己不知道某件事的认知能力。即使自己不知道，它们仍然会继续按照编好的程序行事。这种错误的自信最终会导致他们的失败。

当我们能够猜测和知道自己的不确定性并质疑自己的时候，就能够进行更深入的学习，探索更多的选项和变量。当我们愿意接受可能犯的错误时，就会清除那些未知，因为只有当我们能够面对失败时，才会真正体验到未来实践的成功。

错误是创造未来实践的方法

客户和学生经常问："如果我们做好犯错的准备了，那什么样的错才能创建未来实践？"

他们提出这个问题是很有意义的。没有任何界限可以帮助指导我们，我们不能想当然地认为自己可以随心所欲地犯任何错。如果我是一名医生，我没有正确地为病人进行治疗，这肯定是不容宽恕的错误。我们必须至少能够完成自己角色所要求的最基本的任务。

创造未来实践，在犯错时可以注意以下两个方面。

1.选择正确的趋势。

如果我们仔细想想，想法其实是有很多的。关键是能够找到一个好的想法并加以利用。尽管这看起来似乎是违反直觉的，但最快的方法是浏览全局，以尽可能多地寻找那些知识负担较低的想法。这些想法是在我们面前处于最新和最激动人心的边缘的微弱趋势的想法，是一些看起来不太可能实现的想法——但具有讽刺意味的是，这些趋势可能已经是知识负担更重的趋势。

以微软的"趋势预测专家"罗希特·巴尔加瓦（Rohit Bhargava）为例。他搜索了无数内容来源——比如会议、杂

志、在线文章、对话、对同事的采访等——并使用他独特的
方法对他及其团队发现的材料进行分类、筛选和转变，撕下
写有前卫的单词和想法的报纸，并用便利贴记下想法。渐渐地
建立起联系，组合、同步性和趋势也出现了。

巴尔加瓦说："你必须关注别的地方，而不是其他人正
在关注的地方。"保持灵活变化的态度，保持敏锐的观察力
和好奇心，在不同类型的想法中不断前进。"预测是将噪声
转化为有意义的想法的终极方法"。

2.应用创新框架。

有许多创新框架可用，如设计思维和第一性原理等。你
可以使用其中一种方法来引导自己犯有教育意义的错误。创新
框架的设计是为了确保即使你犯了错，这些错也是有价值的。

2018年，波士顿大学（Boston University）的丹妮拉·库
波尔（Daniella Kupor）和不列颠哥伦比亚大学（University
of British Columbia）的克里斯汀·劳林（Kristin Laurin）发
表了一篇论文，他们表示，人们经常担心如果自己在追求目
标的过程中犯错，别人会认为自己不太可能成功实现目标。
然而，他们的研究表明，犯错误（并改正错误）实际上会给
人带来好处。如果人们能够纠正错误，而不是简单地避免错
误，那么就能从错误中获益更多。

我们需要真诚、迫切地重新审视我们对失败的看法。错误是粉碎我们对有效性和理解力错觉的必要条件，我们的偏见和过度自信也会成为障碍。在创造未来实践时，我们必须允许犯错。

第七章

创造未来实践的仪式和训练

重复做的事情造就了我们。因此，卓越不是一种
行为，而是一种习惯。

——亚里士多德

如果你曾经看过新西兰橄榄球队全黑队（All Blacks）表演标志性的毛利战舞，你可能会感到敬畏。

这是力量的惊人展示。新西兰的橄榄球运动员在面对他们的对手时，会有侵略性地跺脚、捶胸脯、大声喊叫，并做出他们所能使出的最可怕的面部表情。这几乎是对对手的一种挑战。要么走开，要么失败，这很像毛利部落的原住民在战斗中相遇时表演的一种战争舞蹈。

自1888年以来，全黑队就把这一表演作为他们身份象征的一部分。这种舞蹈旨在吓跑敌人，激发自己的士气，赢得比赛。对全黑队来说，这是他们在每场比赛前都要进行的仪式。

仪式是一件神秘的事情。从表面上看，它像是一种习惯或例行公事。反复做一个动作，很少费力地去思考，它甚至看起来就像自动驾驶一样。

但与习惯或例行公事不同的是，仪式是具有意义或象征性的。它的意义可能不是行为的逻辑结论或结果，但不管怎样我们都相信它。当我们参加一种仪式时，会意识到一些特殊的事情正在发生，并会对它有更强的体验，这种体验让我们从原本可能持轻率态度转向思考其深入的意义。

运动员们经常在赛前、赛后和比赛中进行各种仪式，比如篮球传奇人物迈克尔·乔丹的击掌动作，网球运动员拉菲尔·纳达尔（Rafael Nadal）对水瓶的痴迷以及对水瓶的摆放方式的执着。众所周知，学生在考试时通过使用他们最喜欢的文具增添信心，也经常听到人们坚持在参加重要会议时穿某种特定的衣服。

这些行为似乎没有意义，它们甚至看起来像是迷信。然而，它们背后的意义影响着我们的思考和随后的行动，就像全黑队跳毛利战舞一样，将其作为一种为即将到来的战斗做准备的仪式。

同样，仪式是我们准备创造未来实践的艺术方面和科学方面的重要组成部分。当重复进行时，仪式会创造一个心理空间，让我们的大脑准备好开始从一个新的角度看待事物，对以前被人忽视的可能性保持开放的态度。

为了激活系统2，并创造未来实践，我们应该参与这些仪式。这些古老的仪式早已存在，却从未被成功的实践者解释清楚，同样，创新直到现在一直是一种难以理解的实践。

保持安静的空间

畅销书《内向性格的竞争力》（*Quiet: The Power of Introverts in a World That Can't Stop Talking*）的作者苏珊·凯恩（Susan Cain）写道："独处是被低估了的产生创造力的重要因素。""从达尔文（Darwin）到毕加索（Picasso），再到苏斯博士（Dr. Seuss）[①]，伟大的思想家往往都是在孤独中工作的。"

独处能极大地激发我们的创造力和想象力。摆脱了他人的要求和我们日常生活的细节后，我们的思维就有机会放慢速度并不受阻碍地按照自己的节奏前进。独处可以帮助我们放松大脑，隔绝外部的世界，重获内心的平静，可以让我们的潜意识自由地酝酿想法。它实际上激活了大脑中的默认模式网络。

独处也让我们从聚光灯效应（Spotlight Effect）中解放出来。当我们和其他人在一起时，我们往往会在意他们以及他们对我们的看法，只有当我们完全独处时，才会放松警惕，因为这时候我们不需要在意别人对自己的想法和期望。尽管

---

① 美国著名作家及漫画家，以儿童绘本著名。——译者注

人类本质上是社会性动物，害怕孤独，但独处和孤独并不是一回事，独处是一种解脱，它能让我们获得放松的精神和更多的心理的空间。

要想知道独处的巨大力量，只需看一下微软创始人比尔·盖茨和他的"思考周"（Think Week）仪式。他每年有一两次会乘坐直升机或水上飞机来到太平洋西北地区的雪松林中的一间小屋。不允许家人和朋友探视，除了每天给他送两顿饭的人之外，就只有他一个人在此地独处。

有了稳定供应的饮料，盖茨将花一周时间研读微软员工撰写的关于潜在投资和创新的论文。他每天投入多达18个小时去阅读尽可能多的论文，做大量的笔记，并进行深入的思考和构思。

比尔·盖茨的前妻曾说："比尔可以处理很多复杂的事情。他喜欢复杂，并在复杂中获得成长。所以当比尔一个人安静下来时，他所有这些难以置信的复杂想法……他可以把其他人想不到的想法组合在一起，他会尽全力去思考。他为什么要有'思考周'呢？为了使自己平静下来，有时间思考，放慢节奏、写作，也为了以他想要的方式领导团队。"

"思考周"是盖茨自20世纪80年代以来一直坚持的一项仪式，它催生了一些伟大的想法，比如他1995年发表的论文《互联网浪潮》（*The Internet Tidal Wave*），该论文促使微软开发了IE浏览器，而IE浏览器则取代了网景浏览器（Netscape）①。在"思考周"结束时，盖茨会为高管把自己快速阅读的多达100到120篇论文总结成一篇"思考周"文章，并向数百名员工发送电子邮件，让他们跟进自己的想法，在全球范围内开始投资、改变计划、收购新公司。这些都是"思考周"的成果。

身体上的与世隔绝让盖茨远离了家庭、同事、技术等其他一切对他会提出要求的人或物，以便获得创造和专注的精神空间。

《科学休息：迅速恢复精力的高效休息法》（*Rest: Why You Get More Done When You Work Less*）的作者亚历克斯·索勇－金·庞（Alex Soojung-Kim Pang）说："当我们走神的时候，大脑不需要关注任何特定事情的时候，大脑会非常活跃。当你做像散步这样的事情时，潜意识一直在处理问题，稍微放松大脑可以让它探索不同的想法并将其组合，测试不同的解决方案。大脑想到看起来有希望的解决方案的时刻就是你茅塞顿开的时刻"。

---

① 由网景（Netscape）通信公司开发的网页浏览器。——译者注

　　像盖茨一样，我们也必须为独处留出时间，作为创造未来实践的仪式。把它想象成一个时间很长的淋浴，大脑经常会在我们洗澡的时候闪现一些绝妙的想法和见解，但这些想法和见解在我们走出浴室的时候差不多就消失了。为自己创造更长的独处时光，我们也就有了更多的时间来培育想法，能将看似随机的事物联系到一起。

　　除了家庭和办公室，找一个你可以独处的第三个空间吧。它可以是当地的咖啡馆、附近的公园、图书馆里的一个角落等，只要是能让你把分心的事情抛在脑后的地方即可，它甚至可以在你移动的时候出现。查尔斯·狄更斯（Charles Dickens）过去平均每天要走12英里[①]，穿过郁郁葱葱的肯特乡村，或者维多利亚时代熙熙攘攘的伦敦街道。散步让他的思维自由漫游，许多生活中的细节和经历成为其众多小说的创作素材。

　　美国诗人、剧作家、活动家玛雅·安吉洛（Maya Angelou）也坚定地留出她每天的"孤独时刻"。从早上7点到下午2点，她会待在家附近的一家简朴的酒店或汽车旅馆的房间里，"一间狭小、简陋、只有一张床的房间，有时如果我能

———————————

① 1英里约等于1.61千米。——编者注

找到的话，还会有一个面盆"。这就是她可以享受宁静和进行深度思考的第三个空间。安吉洛谈到她的日常习惯时说："如果工作进展不顺利，我就会待到12点30分。如果一切顺利，我就会一直待在这里。它很孤独，也很奇妙。"

我们的孤独以何种形式或需要多长时间出现都无关紧要。有些人可能会去散步，有些人可能会在豪华酒店订一个房间，还有一些人可能会在海滩上搭个帐篷。重要的是有意识地为我们的独处时光留出时间。

> 没有伟大的孤独，
> 一切严肃的事情都无法做成。
>
> ——巴勃罗·毕加索

睡眠的重要性

未来实践的第二个仪式对所有人的健康都很重要，对想要做一些真正具有创造性的工作的人来说更是如此。

我们可能只是没有获得足够的睡眠。

我们生活的社会高度重视生产力。我们花费更多的时间来做更多的事情，而睡眠则成了被牺牲的羔羊。我们把少睡觉当作一种荣誉勋章。有的人尽管每晚只睡几个小时，但仍然吹嘘自己能坚持下去。睡觉？谁有时间睡觉？这是一种懒惰、无效率，坦率地说，是浪费宝贵时间的表现！

然而，科学已经证明了睡眠的重要性。它既不是一种放纵，也不是一种单纯的享受，睡眠是必要的，它对大脑和身体在最佳状态下运作至关重要。

特斯拉（Tesla）公司创始人埃隆·马斯克（Elon Musk）曾说，如果前一天晚上没有得到一定的睡眠，他的思维敏锐度就会下降；而《赫芬顿邮报》（*Huffington Post*）的阿里安娜·赫芬顿（Arianna Huffington）则因为每天工作18个小时，导致每晚都睡眠不足，一直为失眠困扰。

扎克伯格敏锐地意识到了人对睡眠的需求。他早上8点起床，如果他前一晚和程序员聊到很晚，第二天早上则会起得更晚一些。他明白，一个人不需要由于花费大量的工作时间而不得已放弃睡眠时间仍然可以完成工作。

众所周知，创造者和发明家能利用睡眠带来的创造性空间帮助创新和创作。披头士乐队的保罗·麦卡特尼（Paul McCartney）说，他在梦中想出了歌曲《昨天》（*Yesterday*）的旋律；而美国发明家伊莱亚斯·豪（Elias Howe）则因为做了一个噩梦而获得了发明缝纫机的灵感。

"梦只不过是一种不同生化状态下的思考，"哈佛大学心理学家、《睡眠委员会》（*The Committee of Sleep*）一书的作者迪尔德丽·巴雷特（Deirdre Barrett）说道，"在睡眠状态下，大脑的思考会更加直观"。

大脑会在我们睡觉时用新的方式建立心理联系并合成信息。当我们睡觉的时候，大脑有一套复杂的方法来从一天中纷繁的刺激和事实中识别出重要的信息，并将其分类，并剔除不重要的信息。这个过程发生在慢波睡眠中，在我们睡眠周期的早期这种情况最明显。

在德国吕贝克大学（University of Lübeck）2004年的一项研究中，研究人员让被试依靠算法完成数学问题，被试并不知道这些公式中隐藏着一条算术捷径。25%的被试是自己发现这条捷径的，但是，先给他们8小时的睡眠时间再回来解决问题时，自己发现捷径的人数比例跃升至59%。

芝加哥大学（University of Chicago）的认知神经学家霍华德·努斯鲍姆（Howard Nusbaum）说："假如你有一个更简单的解决方案，而且它已经在你的脑海中形成时，你仍然会倾向于使用那个熟悉的解决方案。"当你睡觉的时候，更好的答案就有机会浮现出来。

睡眠不仅能帮助我们获得更好的解决办法，还能激发我们的想象力。卡迪夫大学（Cardiff University）的彭妮·刘易斯（Penny Lewis）和她的同事发现，快速眼动（Rapid Eye Movement）睡眠和非快速眼动（non-Rapid Eye Movement）睡眠共同作用，能够在我们已知的知识之间找到未被识别的联系，同时为长时间困扰我们的难题找到独特的解决方案。

刘易斯说："假设你在解决一个问题时卡住了。在快速眼动睡眠中新大脑皮层会重现问题中的抽象、简化元素，同时也会重现其他被随机激活的东西。它会加强这些事物之间的共性。当你第二天醒来时，这种轻微的增强可能会让你以一种稍微不同的方式审视自己正在做的事情。"

刘易斯发现，非快速眼动睡眠从我们的大脑中提取信息，而快速眼动睡眠将它们联系起来，更重要的是，这两个睡眠阶段是交互建立的。整个晚上，大脑的两个部分——海马体和新皮层——反复同步和分离，抽象和连接的序列也在不断重复进行。

她分享道："显而易见，如果你正在解决一个难题，那就给自己足够的睡眠时间。""尤其是当你想做一些需要打破常规思维的事情时，或许不必太匆忙。"

尽管夜晚有充足的睡眠，但一些人还是感觉睡眠不足，应该怎么办，那么打个盹是一个好方法。

意大利人喜欢午休闻名已久［也许午休有助于米开朗琪

133

罗（Michelangelo）、波提切利（Botticelli）和卡拉瓦乔等艺术家的创作〕，其他一些地中海地区和拉丁美洲国家的人也是如此。中国也有午睡的文化，有句俗语叫"中午不睡，下午崩溃"。

温斯顿·丘吉尔即使是在"二战"最激烈的时候，也会在午餐后回到自己的私人房间睡上一两个小时，醒来后回到唐宁街10号洗个澡、换件衣服，再继续工作。丘吉尔的贴身生活秘书弗兰克索耶斯（Frank Sawyers）后来回忆道："丘吉尔先生的日常生活中有一条不变的规则，那就是他从来不错过这样的休息时间。"

为什么小睡对我们这么有好处？当然，就像夜间睡眠一样，它能提高我们的警觉性并减少疲劳。长期有规律的打盹会提高我们的记忆力，这与小睡的时间长短无关。虽然多睡比少睡要好，但无数研究表明，无论是5分钟还是1小时的小睡，对记忆力、认知表现、想象力、情绪调节等都有巨大的好处。

心理学家萨拉·梅德尼克（Sara Mednick）在和她的团队进行的研究中发现，人们在小睡了60—90分钟后的测试表现与睡了一整晚后的测试表现一样好。她说："令人惊讶的是，90分钟的小睡和8小时的睡眠带来的学习效果相同。"

由加利福尼亚大学伯克利分校（University of California,

Berkeley）的马修·沃克（Matthew Walker）在与团队开展的其他研究中发现，睡眠的功能就像一个清洁工具，能够帮助清除大脑海马体中的短期记忆，这样大脑才会有空间记忆新信息并将其搬运到前额皮质区域。

沃克说："这就好像你的海马体中的'收件箱'满了，只有通过睡眠清除了这些电子邮件，你才会收到新邮件。越来越多的'新邮件'无法接收的状况会一直持续到你睡着，直到将其移动到另一个'文件夹'。"

未来实践取决于认知敏捷性。当我们不去理会身体对睡眠的需求，并不断迫使它以更快的速度完成更多的任务时，注定会走向失败。大脑需要休息，这样我们才能利用好它的天赋，睡觉和小睡是我们可以轻松使用的强大工具。即使是在战争时期，丘吉尔也会找时间睡午觉，因此当我们下次发现自己被困在一个难题中或需要进入下一个创新阶段时，可以向他学习一下。

进入最佳认知状态

与睡眠一样，长期以来，锻炼被认为对我们的身体、心理及情感健康有许多好处。我们知道，锻炼能使我们的心脏正常工作，降低患各种疾病的风险，并释放各种让人感到幸福的多巴胺。

然而，锻炼对大脑的影响却没有得到人们足够的重视。锻炼可以让我们的大脑保持健康，使我们更聪明。

20世纪90年代末，加利福尼亚州索尔克生物研究所（Salk Institute for Biological Studies）的亨丽特·范布拉格（Henriette Van Pragg）和一组研究人员发现，生活在有玩具和跑轮的笼子里的老鼠，在神经发生的过程中生长出了更多的新神经元。更吸引人的是结果显示，与那些游泳或试图走出迷宫的老鼠相比，跑步的老鼠的新神经元数量是其他老鼠的两倍。这些老鼠的突触连接也有更大程度的重组，这表明，跑步影响了它们大脑的可塑性。

锻炼还可以让我们更有创造力，这就更有助于创造未来实践。

"这背后有很多科学道理。"哈佛医学院神经学讲师斯科特·麦金尼斯（Scott McGinnis）说。运动会刺激生理变化，如降低胰岛素抵抗和减少炎症，同时有利于促进大脑中新血管生长的化学物质产生，并最终影响新脑细胞的数量、存活和整体健康。此外，与不锻炼的人相比，经常锻炼的人拥有更大的海马体，而海马体与记忆和学习有关。

麦金尼斯说："更令人兴奋的发现是，参加为期6个月或1年的中等强度的定期锻炼项目，能够增加选定的大脑区域的体积。"

奥地利的格拉茨大学（University of Graz）①的研究人员进一步发现，定期锻炼和人类想象力之间存在明显的正相关。运动会使人的生活方式更健康，让人心情更好，并能增加创新思维。总的来说，运动明显有助于我们原创和抽象思维的发展。

虽然运动对大脑有明显的好处，但有些人可能会问：哪种运动对增强脑力最有效？

亚利桑那州立大学（Arizona State University）的研究人员猜测，可能跑步比其他运动对智力的增益更高。在22位年轻人——跑步者和不运动者——的帮助下，发现与久坐不动的人相比，跑步者的大脑在需要有更高级思维的区域存在连接，而且大脑中帮助工作记忆、多任务处理、注意力和决策等方面的区域有更强的连接性。值得注意的是，大脑中注意力不集中的部分活动也减少了。

这项研究和其他研究切实地表明，跑步是唤醒系统2的

---

① 全称为卡尔弗朗茨格拉茨大学。——译者注

理想的仪式。日本畅销书作家村上春树曾打趣道："我所知道的大部分关于写小说的知识，都是从每天的跑步学习到的。"

当然，并不是每个人都喜欢锻炼，尤其是跑步。笔者给学生和客户的建议是，当他们需要有更好的表现，比如处理重要的任务或项目时，就去保持锻炼吧。锻炼就像一种人可以在需要的时候摄入的维生素。

独处、睡眠和锻炼是任何想寻找未来实践的人都可以考虑在他们的生活中定期练习的三个关键的仪式。使用并享受这三种简单活动带来的巨大的益处，说不定奇迹就会发生。

增长髓磷脂

作为未来实践的践行者，我们应该密切地关注这个秘密物质。

还记得我们在第四章中讨论过的叫作"髓鞘"的厚厚的白色绝缘鞘吗？髓磷脂这种物质覆盖在我们大脑中的神经通路上，它已被证明可以帮助大脑更快、更好地工作。因此，髓磷脂是大脑增强训练中激活系统2的关键组成部分。

就像上文提到的三个仪式一样，有三个简单的练习可以改善髓磷脂形成的过程。

第一个练习是，用手帮助我们思考。

你还记得小时候用铅笔和纸写字是什么感觉吗？有意识地控制铅笔以形成必要的笔画，有意识地在纸上做印迹，用书写来表达你头脑中想法时所需要的那种注意力和专注。

在旁观者看来，他们所能看到的只是一个孩子俯身在一张纸上，做着简单的写作的动作。但在大脑深处，会有一个像嗡嗡作响的蜂群一般的活动同时在两个脑半球发生，并激活大脑中最独特的区域——连接区域间的"阅读回路"。

当我们阅读时，这些区域就会活跃起来，我们发现这正是在手写而不是打字时被激活的区域。尤其是连笔书写，它可以训练大脑整合感觉、运动控制和思考的多种能力，因为连笔比普通的书写要求更高。

从根本上说，书写可以提高我们的阅读能力，从而获得知识。此外，其他研究也注意到在组织想法时手与大脑之间的关系。在一项针对二、四、六年级儿童的研究中，华盛顿大学的维吉尼亚·贝尔宁格（Virginia Berninger）发现，那些用手写而不是键盘打字写文章的人会写字更多、更快，表达的想法也更多。

在另一项针对在校大学生和刚毕业学生的研究中，研究人员发现，在纸上写作比在平板电脑和智能手机等电子产品上写作更能促进大脑的活动，尤其是在过了一小时后回忆信息的时候。研究对象在与语言和想象视觉相关的区域，以及与记忆和导航有关的海马体中表现出更多的大脑活动。用铅笔在纸上写字的模拟动作包含了更丰富的空间细节，这些细节后来可以被回忆起来，并在大脑中为你导航。

手写所带来的独特复杂的空间和触觉信息以一种不同的方式形成了我们的印象和记忆。简而言之，我们所能看到、感觉到甚至体验到的感官输入改变了我们的大脑，使其保留并理解自己遇到的信息。需要我们滑动和点击电子产品在激活手眼协调和增强大脑敏捷性所需的大脑连接与手写并不能相提并论。

该研究的作者、神经学家酒井邦嘉（Kuniyoshi Sakai）教授解释道："数字设备就像在网页上一样，有统一的上下滚动条，以及文本和图片大小的标准化安排。但如果你还记得一本纸质教科书，你可以闭上眼睛，试着想一下左侧书页三分之一处的照片，以及你在页底空白处加的备注。"

手写比操作数字设备更能有效地调动我们的感官和运动神经元。只有大脑更多部位的神经细胞活跃起来，建立更广泛的联系，才能帮助我们更快地思考和更好地记忆。

研究人员进一步鼓励用纸书写，酒井邦嘉说："如果一个人的知识事先用更强的学习方法存储下来并能在使用时更精确地从记忆中检索，就更有可能培养创造力。这是合理的。对于艺术、作曲或其他创意作品的工作，我会强调用纸，而不是使用数字设备。"

建筑行业是一个说明如何用手来协调思考和现实之间关系的很好的例子。手绘在设计过程中是必不可少的，它可以让建筑师迅速探索并传达他们的想法。把内容写在纸上是一个创造性过程，它需要敏锐的观察、创意和解决问题的能力。一个想法要经历从探索阶段到成为最终草图的过程。

> 正如马丁·海德格尔（Martin Heidegger）说的那样，
>
> 手是帮助我们思考的器官。
>
> 当它们不为求知或学习而工作的时候，
>
> 它们也在思考。
>
> 绘画、建筑模型、素描……
>
> 是把手和想法结合在一起，
>
> 把"做"变成一种"思考"方式的事情。
>
> ——玛利亚·伊莎贝尔·阿尔芭·多拉多
>
> （María Isabel Alba Dorado）

第二个加速大脑髓鞘形成的方法是培养专注力。

当我们能够把100%的注意力放在某个单一的问题上时，就是我们完全专注于当下的时候。当我们在做某件事的时候，我们通常认为自己是100%专注的。然而，数据指出事实并非如此。微软公司的一项研究指出，人们通常在8秒钟后就会注意力不集中。这是大脑受日益数字化的生活方式影响的结果。报告指出，大量使用多种电子屏幕的人被发现很难过滤掉与自己正在做的事情无关的刺激物，他们更容易被多个媒体分散注意力。

高度数字化的世界让我们很难集中注意力。在几十年前还被认为是理所当然的集中注意力的能力，现在已经成为一种罕见的"商品"。报告显示，成年人专注于一项任务的时间平均不超过20分钟。我们消费了如此多的网上信息，事实上，仅在2020年，网络信息消费与去年相比就翻了一番。然而，尽管我们在消费更多的信息，我们也在浏览更短的网络内容，无论是各种平台的推送文章、帖子还是新闻网站的文章。我们的大脑被训练得长时间集中注意力，以便快速地吸收碎片化的信息，周而复始。然而，这种权衡后果是我们想阅读长篇文本并理解，只能用更多的词语才阐述得清楚更复杂的概念，这些只会促使我们用更多的词汇来阐述。

电子屏幕进一步剥夺了我们在纸质文本上阅读的体验。尽管人们试图再现纸质书的触觉和感官体验，但数字屏幕远远做不到。此外，大量的研究表明，在屏幕上阅读的导航困难会损害我们的阅读理解能力，并使人在阅读后更难记住所阅读的内容。

似乎这还不够糟糕，我们还必须处理注意力残留（attention residue）的问题。华盛顿大学组织行为学教授索菲·勒罗伊（Sophie Leroy）花了20年时间研究大脑以及它如何转换注意力。虽然社会崇尚多任务处理作为现代生产力工具带来的好处，但勒罗伊的研究表明，大脑通常很难在任务之间反复切换，尤其是那些复杂和对认知要求高的任务。

勒罗伊解释说："我的研究表明，当我们在任务之间切换时（比如从任务A切换到任务B），部分注意力经常停留在前一个任务（任务A）上，而不是完全转移到下一个任务（任务B）上，这就是我所说的注意力残留。它发生在当我们的部分注意力集中在另一项任务上，而不是完全投入到当前需要执行的任务上的时候。"

当我们被打断，有未完成和未解决的工作时，注意力残留就很容易发生，大脑让它们处于活跃状态，而不是让它们离开，以保证我们可以专注于手头的任务。但考虑任务A的结果是，我们用于任务B的认知资源会变少，这可能会导致我们在任务B上的表现受到影响。

人们很容易被注意力残留迷惑，我们总是在思考其他的任务，总是试图让自己适应同时处理几件事情。我们的生活被没完没了的待办事项清单控制着，其中很多都是基本的日常管理任务，比如预约、发送电子邮件、填写申请表等。它们会出现在我们的清单上，几周甚至几个月都没有完成，占据了我们宝贵的认知空间。

2001年由约书亚·鲁宾斯坦（Joshua Rubinstein）、杰佛瑞·艾凡斯（Jeffrey Evans）和大卫·迈耶（David Meyer）发布的实验进一步揭示了在大脑的执行控制过程中，有两个明显的阶段——目标转换（"我现在想做这个而不是那个"）和规则激活（"我为了那个而关闭规则，为了这个而打开规则"）。这允许我们在任务之间切换，但这有一个切换成本较小问题，如果重复和多次切换，切换成本就会增加，这是多任务处理的缺点。切换成本的增加不仅会影响我们的工作效率，而且还会产生严重的后果。比如当司机在查看汽车导航系统和查看道路之间切换时，那十分之一秒的时间可能就会导致事故的发生。

澳大利亚的大学为学生们设计的一种被称为"让你的生活井然有序"（Get Your Life In Order）的实践工具，应用了绕过注意力残留的技巧。它需要将任务捆绑在一个固定的时间内，这个时间可以是一上午、一天或者一周，然后只专注于将这些任务一次一个地清理掉。

"假如你有注意力残留，这说明你基本上是在运用忙碌部分的认知资源运作，这会带来广泛的影响：你可能不是在有效工作；你可能不是一个好的倾听者；你可能更容易不知所措；你可能会犯错，或者纠结于自己做决定和处理信息的能力。"勒罗伊说道。

我们持续花很长时间处理手头上无数的事情会慢慢地削弱我们集中注意力的能力。在注意力转移到其他任务上之前，我们大脑的神经通路没有足够的时间通过持续的练习得到加强，髓鞘形成就被打断了。

庞在他的《科学休息：迅速恢复精力的高效休息法》一书中阐述了有创造力的人似乎都有相似的工作和休息习惯。"他们没有超长的工作时间，而是将自己每天专注时间的深度最大化，并真正保护和合理安排自己的一天。这样他们可以投入大约4个或4个半小时的真正高强度的深度工作。"那最有效的4个多小时的时段安排会根据个体在注意力的网络和昼夜节律的差异因人而异，但通常是我们大脑在需要休息、缺乏动力、失误增加和分心之前，会在一天中某个有限的时间内做到真正的专注。

美国的西北大学（Northwestern University）的神经学教

授博纳·伯纳克大浦（Borna Bonakdarpour）分享了集中注意力的能力有限的主要原因，即认知超载和能量消耗，"当大脑的新陈代谢增加时，由此产生的副产品需要被清理掉，大脑需要休息"。伯纳克大浦的研究表明，每专注地工作两个小时，你就需要20到30分钟的休息时间。如果我们将休息时间用于独处或睡觉，我们大脑中的默认模式网络就会开始运行，我们的创造性和潜意识会继续工作，并产生新想法。

专注是我们未来实践训练中最重要的部分。当我们为训练大脑所做的一切以一种具体的方式显现时，它就是未来实践的执行部分。没有专注，什么好想法也不会出现。

因此，重要的是我们重新获得达到最佳专注状态的能力。一个非常简单的方法就是读书。是的，找一本实体书，最好是写得很好的经典书籍，慢慢地阅读，即使一开始就有想要做其他事的冲动，也要克制住。继续读这本书，以读完两页为目标，第二天的时候读完三页。慢慢地，增加自己在阅读时可以集中注意力的页数，直到自己可以比刚开始练习时保持注意力的时间更长。

最后，推荐一个帮助我们为未来实践增加大脑髓磷脂的练习，虽然很多人可能会抗拒这个练习。

把智能手机收起来。不是把它放在面前的桌子上，而是收到隔壁房间，让手机远离自己的视线，因为智能手机正在让我们变笨。

智能手机非常让人分心。当我们使用智能手机时，通常是在进行多任务处理的时候，我们的注意力、认知表现、效率以及其他方面都会骤降。对于需要更多注意力和认知需求的任务，智能手机的使用会产生更明显的阻碍。

值得注意的是，智能手机的出现会导致认知成本。得克萨斯大学（University of Texas）的艾德里安·沃德（Adrian Ward）、多伦多大学（University of Toronto）的克里斯腾·杜克（Kristen Duke）、圣迭戈大学（University of San Diego）的艾耶勒特·格尼茨（Ayelet Gneezy）和卡内基梅隆大学（Carnegie Mellon University）的马腾·波斯（Maarten Bos）对近800名学生进行了调查研究，研究对象被要求专注于解决一些问题。他们被分成三组：一组将智能手机屏幕朝下地放在桌子上；另一组将智能手机放在口袋或包里；最后一组将智能手机放在单独的房间里。所有的智能手机都关闭了声音提醒和通知功能，几乎所有的学生都说他们没有被手机影响、分心，但结果却并非如此，表现最好的是那些把智能手机放在单独的房间的一组。你猜对了，表现最差的是那些把手机放在桌子上的一组。

接触智能手机减少了人们的认知资源，即使人们能够抵制住查看智能手机的诱惑甚至关机，手机对人们认知能力的损害与剥夺睡眠的影响都是相同的。

智能手机为何如此诱人？就像希腊神话中用甜美的声音吸引人的海妖一样，智能手机就像呼唤着我们的名字，吸引着我们的注意力。认知心理学的研究表明，就像父母会自动地关注婴儿的啼哭一样，人类会自动地关注与自己习惯相关的事物，智能手机是我们与世界连接的枢纽。它让我们与这个世界保持联系，我们与智能手机的联系越紧密，就越难远离它，试图抵制这种吸引力的努力会消耗我们的认知资源。具有讽刺意味的是，智能手机会削弱我们的认知表现，让我们在学习、推理和发展创造性想法方面的能力变弱。

解决办法很简单。当我们不需要直接使用智能手机，尤其是在构思和想象时，把智能手机放在一个单独的房间里。我们必须释放尽可能多的心智容量，让自己有足够的空间来增加髓鞘和强化神经通路，让它们做自己本来应该做的事。

因对未知的恐惧而瘫痪

作为人类，我们的生活会被各种各样的恐惧打断。

很多人都恐惧当众演讲，有人说这是大多数人的头号恐惧。另外，还有其他的恐惧，比如对蛇的恐惧、对飞机的恐惧、对细菌的恐惧等。

然而，如果更深入地探究每一种恐惧，并找出最根本的恐惧，我们会发现这些恐惧都有一个共同点：这就是对未知的恐惧。

我们不知道当自己站在舞台上时，人们会如何评价我们，不知道蛇会不会伤害我们，也不知道我们乘坐的飞机会不会坠毁。我们对每一种情况背后的未知的恐惧是导致这种恐惧转移到一个具体对象上的原因，它可以是观众、一条蛇或是一架飞机。

研究还表明，我们无法明确真实危险和感知危险的压力之间的区别，在我们的脑海里，它们是难以区分的。大脑会释放化学物质和激素（比如皮质醇），从而升高血压、加快心率、刺激肌肉。杏仁体是我们大脑中负责本能反应的部分，它会检测到对未知的恐惧并进行接管，然后我们就会去战斗、逃跑、冻结或躲避。当我们变得更加敏感时，不可能长时间保持这种警觉水平，因为那样的话我们的身体很快就会崩溃。

失眠、焦虑、行动麻痹、错误的选择和无法满怀信心地前进，这些都是恐惧的表现。

系统1是在一种理解的错觉中运作的，它对我们周围世界的自动反应源于一种理解的错觉，它相信它所知道的是真实和正确的。然而，当对未来的恐惧开始起作用时（它经常起作用），系统1会立即联合起来拒绝可能无意中从系统2中引入的新想法。人类不喜欢改变，我们在熟悉的和已知的环境中会更自在。这意味着，从根上来说，当我们试图通过独处、睡眠和锻炼以及练习的方法增加大脑的髓鞘以此强化系统2时，如果无法冲破系统1的束缚，我们的努力将会失败。因此，我们必须尽量减少对未来的恐惧，这样我们就可以逃离系统1，向未来实践前进。

正如我们在本书中所讨论的那样，认知上的改变出奇地困难。因此，我提出了三种方法来降低对未来的恐惧。

第一种是暴露疗法。这是一种帮助人们直面恐惧的心理疗法，暴露疗法是一个简单的概念——如果有人感到恐惧，心理学家会为这个人创造一个安全的空间，让他以不同的方式和速度暴露在恐惧中以减少恐惧和避免逃避，比如虚拟现实暴露和系统脱敏。假如我们因为对人工智能几乎没有任何了解，担心它会带来不可战胜的挑战而害怕它，我们可以通过学习一个简短的人工智能课程，以及想象自己把人工智能介绍给认识的人，这些步骤将帮助我们更轻松地学习和谈论人工智能，并最终减少对人工智能的恐惧。

第二种方法是找到并使用安全信号。2019年耶鲁大学（Yale University）和威尔康奈尔医学院（Weill Cornell Medicine）的研究人员的一份报告显示，使用安全信号可以帮助人们对抗外界因素带来的焦虑。

该报告的作者之一保拉·奥德里奥佐拉（Paola Odriozola）说："安全信号可以是一支乐曲、一个人，甚至是一个毛绒玩具，它们代表着'没有威胁'。"在已完成的研究中，获得安全信号的被试都显示出与暴露疗法中不同的神经网络被激活。所以，像在演讲前做笔记、在考试前祈祷，或者在面试前喝杯咖啡等都是安全信号。我们可以利用这些安全信号在杏仁体"劫持"我们的思想之前来安抚我们的神经。

最后一种方法是发现并重塑我们的认知扭曲。我们经常会有认知扭曲的问题，因此我们需要在找到根除认知扭曲的办法之前能够识别出影响我们的主要的认知扭曲。例如，我们是否正被两极分化的思维、过度概括、小题大做或情绪化的推理所困扰？有时候解决的方法很简单，比如重新规划或者做认知疗法、暴露疗法。

所以尝试一下这三种方法，看看它是否能帮助你将对新想法的恐惧最小化。

表达想法

当一个组织需要激发团队的想象力时，通常头脑风暴是首选。在经过细化练习之前，组成团队是为了尽可能多地产生想法，尤其是那些独特的和原创的想法。

他们的假设是，人越多激发的想法就越多，而想法越多，产生的想法的质量也就越高。然而，大量的研究已经揭开了这种方法的面纱，并表明头脑风暴反而不利于创造性的发挥。在大型团队中进行头脑风暴实际上会适得其反，降低员工的工作效率，还会在不知不觉中导致集体思维的产生。

请允许我提出一种新的思维方式，把前几章所学到的知识结合起来。我建议使用我命名的"想法的声音"（Idea Voice）的方法，而不是头脑风暴。

这种方法能够使团队中的每个人都有平等的机会形成和分享自己的想法。

我们在"想法的声音"中要遵循以下几个关键原则。

1.犯错误。

2.团队讨论前，个人应该先独处。

3.合作开始之前，需要将心理安全建立起来。

4.用你的手带动思考（写生、写作等）是一个方法。

5.想法的数量比想法的质量更重要。

一旦我们花了足够的时间独自思考一个问题，并列出了想法清单，我们就会继续落实头脑风暴的实际步骤，而不会人为地给一些想法增加额外的重量或牵引力。下面是一些可以实现这一点的方法及每种方法要遵守的规则。

1.声音风格演示。

演讲者通过站在观众后面来陈述自己的观点，观众只能看到演示稿并听到演讲者的声音，成员们轮流做展示。

2.想法海报。

演讲者用文字、图表、图画等在一张挂图或一张纸上总结自己的想法。然后，将创意海报贴在墙上，让观众看到并投票选出最佳创意。

3.轮流投票。

每个团队成员将基于两个类别对每个创意按程度由弱到强从1到4的分值范围进行投票，这两个类别分别是新颖性和执行性。新颖性是指想法的新颖程度，而执行性则是指执行想法的便捷性。

总分最高的创意将成为获胜的创意。

"想法的声音"的规则如下。

1.投票前不做评判。没有评论，没有肢体动作，没有面部表情。不管你喜不喜欢这个想法，都要做到面无表情。

2.在宣布获胜者之后，试着帮助其他人的想法在之前基础上变得更好，要思考取众多想法之长而不是完全否定其他想法。

3.在任何讨论中，确保一次只进行一次对话。每个团队成员都必须有同样的发言时间，任何成员都不应主导谈话。

4.视觉化。把你的想法画出来，而不是写下来。简笔画和简单的草图比文字更能说明问题。

5.追求想法的数量而不是质量。找到一个好点子的最好方法就是想出很多点子。

这就是一套方法论，这是一幅可执行的蓝图。它可以告诉我们应该做什么才能使我们的想法摆脱系统1的束缚，从而进入天生具有创造性的系统2。当我们能够做到本章提出的所有建议时，未来实践的辉煌将会最终呈现在我们面前。

第三部分

由外而内地创造未来实践

第八章

设计思维和逆向工作 + 未来实践

如果做得正确，逆向工作的过程就是一项巨大的工作，但是，它会为你节省更多的时间。逆向工作的过程并不是为了使工作变简单而设计，而是为了节省后来的大量工作，并确保自己实际上是在构思正确的产品。

——杰夫·贝佐斯（Jeff Bezos）

走迷宫是一件棘手的事情。

一开始看似简单，但一旦你深入其中，它们就会变成很大的脑筋急转弯问题，充满了曲折，让你在随机安排的方式中走多条道路。走迷宫的目标是穿过它并最终到达终点，但为了做到这一点，我们必须在到达终点之前迷几次路，走回头路，选择不同的道路，并学会应对困难。事实上，"迷宫"这个词可以追溯到13世纪，它来自中古英语单词mæs，意思是谵妄或妄想。

简而言之，这就是创新的过程，我们以一个能保证有结果的框架开始，在乐观主义的支撑下，我们将有大发现。我们使用各种各样的技术和策略，努力工作，最终得到了足够好，但不是伟大的想法。未来实践避开了我们。

原因可能是，我们仍在寻找知识负担沉重的稀缺"水果"，因此出现了"水果"不足，那里可供采摘的"水果"太少了。

未来实践需要前卫的行动方针和思维方式。以现有的知识和能力为基准只会让我们在已知的安全区域内，而不是勇敢地进入创新的"伊甸园"。

如果我们不只是进行渐进式创新，而是用一种低知识负担的思维方式去发现架构式创新和颠覆式创新，甚至激进式创新，会怎么样？

如果我们重新审视这个寻求创新的迷宫的起点，并运用我们在未来实践中学到的知识来深入探索，会怎么样呢？

我将用创新过程的几个例子介绍如何用未来实践原则将成果提升到下一个水平。在本章中，我将介绍设计思维和逆向工作的过程是如何将我们从失败的不适中解放出来，并使我们更接近未来实践的。它们本质上是对错误的积极性练习。

设计思维：解密问题的引擎

设计思维是一种以人为中心的用于解决棘手或定义不明确的问题的方法。在一个五步非线性迭代方法中，设计团队以移情、定义、构思、原型和测试的方式满足消费者需求的创新性解决方案。这五个步骤可以以任何顺序进行，可以重复，甚至可以颠倒顺序，所有这些步骤的目的是为了透彻地理解目前所遇到的问题。

消费者为王，他们的需求高于一切，必须从一开始就挑战假设，并重新定义问题，因为错误的问题会引出错误的答案。对来自17个国家的106名高管的调查显示，85%的人认为他们的单位不善于发现问题，87%的人认为这产生了巨大的成本。

因此，从正确的问题开始是非常有必要的，创造性的解决方案几乎总是来自对问题的不同定义。那我们该怎么做呢？

在设计思维中实现这一点的一个关键策略是使用同理心地图（Empathy Map），它是一种将"谁是消费者"的这一问题可视化的工具。先绘制一个有四象限的网格，四象限的内容包括"说""做""想""感觉"，工作团队使用便利贴标示自己的观察结果，每个便利贴对应一个观察结果，最后将观察结果放在适当的象限中，比如这个消费者的情况如何？他需要什么？站在他的立场上是什么感受？当他接触到问题的背景时，他的想法、感受和行动将会怎样？会有什么惊喜吗？这个映射练习和随后的对话可以引出一些模式和问题，以便真正深入了解消费者，最终明白自己需要为消费者提供什么业务。

同理心地图是设计思维的关键。同理心是一种理解他人经历和现状的能力，通过分享他人的观点而不会迷失于其中。大量的研究表明，正念练习可以增强同理心。大脑中需要提高共情能力的区域——前额叶皮层、前扣带皮层、前岛叶——是随着专注于内心体验的练习而发展起来的，比如正念练习。此外，正念以一种非评判的方式来加深对一个人的情绪和现状的理解，这些都有助于对他人产生共情。

在第五章中，我们探讨了冥想在激活大脑中的默认模式网络方面的作用。默认模式网络是大脑中想象力的来源，如果我们想要培养同理心肌肉，以便在设计思维中创建更精确的同理心地图，那么将有规律的正念练习作为未来实践仪式将对培养创造力有所助益。研究表明，我们进行分析性思维越多，同理心思维就会进行得越少，长此以往，大脑中让我们理解他人经历的区域就会被关闭。

我经常建议我的客户和学生在制作同理心地图之前，每天进行一次步行冥想。坚持几天，大脑中的默认模式网络将会自然地开始运行，以提高提出正确问题并找到答案的概率。

在绘制同理心地图的同时写下想法，这一过程将进一步增强我们的想象力，并让我们能够更好更快地思考。所有这些都可以通过在便利贴上手写文字以带动思考这样的简单动作来完成。

最后，设计思维的作用取决于它的迭代非线性性质或循环。为了处理没有预先确定答案的问题，你要设计应该存在可能性答案的问题而不是本身就具有正确答案的问题。

因此，这个循环是一个由观察、反射和制造构成的美丽循环，我们可以通过它理解现在，展望未来。我们靠成功前进，并不断犯错。在第六章中，我们看到了在未来实践中失败和成功是如何交织在一起的——两者必须相辅相成，错误在所难免，它们是设计思维中循环的根本。

未来实践的技巧

1.通过步行冥想，或者你喜欢的冥想练习来激活大脑中的默认模式网络。

2.在同理心地图练习以及设计思维过程其他部分的练习中，尽量在纸上写字以发挥你的想象力，增加大脑中神经元之间的连接，从而更快更好地做出反应。

3.一定要放松。去仰望星空，看一部有趣的电影，或者从本书附录列出的放松技巧中选择你喜欢的活动，并尝试一下。

4.勇于犯错，勇于尝试最独特、大胆的想法。不受限制地发散，再汇聚，保持这个势头，直到找到创造未来实践的解决方案。

这个方法最适合谁?

设计思维最适合那些想要创造架构式创新和颠覆式创新

的团队。国际商业机器公司和爱彼迎（Airbnb）就是运用这种方法而成功的公司。

逆向工作：回到未来的汽车

回顾一下在本章开始时提到的迷宫概念。

我们大多数人在解决迷宫问题时都是从起点开始，到终点结束。如果把顺序颠倒一下呢？

德国著名数学家卡尔·古斯塔夫·雅各布·雅各比（Carl Gustav Jacob Jacobi）在他的著作中讲述了一个简单的策略——逆向，总是逆向。许多困难的问题都是在逆向处理时才得到了最好的解决，盲点通常存在于以前瞻性的视角来处理问题时。当我们使用逆向思维时，我们能从不同的角度看待事物。

例如，与其思考如何变得富有，倒不如问问自己可以通过做些什么来避免陷入贫穷。可能的答案包括控制过度消费、坚持做预算、改掉花钱过多的习惯。这将削减开支，让我们的现金更加充裕。随着时间的推移，我们就可以变得富有。我们需要做额外的工作来多赚钱吗？一点都不需要。

如果我想让员工工作更高效，那就问问，是什么让他们低效。不断的干扰、不必要的会议、无用的忙碌等都会让员工低效。只要消除这些因素，我的员工自然会有更多的时间来思考和提高自己的工作效率。有时候，避免我们不想要的东西比得到我们想要的东西更加容易。这就是否定法（Via Negativa）在起作用。

杰夫·贝佐斯在决定是否辞去高薪工作创办亚马逊（Amazon）公司时，也使用了同样的逆向思维。"当你有很多事情要去处理时，你可能会因为小事而感到困惑。"他回忆道，"我知道当我到80岁的时候，我永远不会去想自己为什么会在1994年经济最不景气的时候放弃华尔街的高薪工作……（但是）我知道，如果没有跟随互联网的浪潮，我以后肯定会后悔。我认为互联网会是一个具有变革性的事件。当我这样想的时候，就很容易做出决定。"

因此，贝佐斯希望减少自己的遗憾，而不是确保自己的幸福。他把自己看问题的视角倒置过来，想清楚了自己的未来，他也是用同样的方法把亚马逊发展成今天电子商务和科技行业的巨头。

贝佐斯意识到了逆向思维在商业上的力量，亚马逊的"我们痴迷于客户"的文化意味着公司的所有注意力都放在了兑现客户的需求上，这是亚马逊的终极目标，也是亚马逊的初衷。

亚马逊的流量管理高级经理伊恩·麦卡利斯特（Ian McAllister）分享了亚马逊从逆向工作开始的产品开发方法——"从客户开始，而不是从一个产品的想法开始，然后试着把客户吸引到产品上"。

逆向工作依赖于想象力。以终点为开始的过程中，产品经理必须放眼未来，考虑未来可能会是什么样子。

新计划的过程总是从撰写关于最终产品的内部新闻稿开始。麦卡利斯特表示："内部新闻稿主要围绕客户的问题展开，当前的解决方案（内部或外部的）是怎样失败的，以及创新产品将如何显得现有的解决方案是不起作用的。""如果列出的好处客户听起来不是很有趣或令客户感到兴奋，那么它可能就不是（也不应该确立）合适的解决方案。"在产品进入开发阶段之前，新闻稿会被反复修改，直到理念被完善到令人满意为止。

对一个可能永远不会用到想法来说，这是一项艰巨的工作。然而，从一开始，迭代新闻稿所带来的痛苦要比迭代最终无法获得客户青睐的产品少得多。产品经理还需要列出一个全面的常见问题清单，以应对内外部利益相关者，这份清单也同样经过了严格的修订。

在亚马逊，他们总是会问：客户的需求是什么？自己是否有技能来设计出满足客户需求的产品？如果没有，怎样才能获得这些技能呢？亚马逊从不让能力不足阻碍自己实现满足客户需求的最终目标。

逆向工作使亚马逊网络服务、亚马逊4星商店和云计算等产品和服务成为可能，而这些技术在当时甚至还不存在，他们是从零开始培养自己的能力。电子书阅读器（Kindle）背后的故事是一个很好的例子。

亚马逊知道，他们的客户想要的是与iTunes/iPod[①]相同体验的电子书：一个应用程序与一个移动设备相结合，就能以低廉的价格为消费者提供他们想要的任何书籍，客户还可以在几秒钟内购买、下载和阅读这些书籍。但为了做到这一点，亚马逊必须要发明硬件。亚马逊是一家电子商务商店，而不是五金店，对建造硬件一无所知。然而，他们继续前进，然后创造了历史。

以下我将介绍最后一个关于逆向工作力量的故事。

希格斯玻色子（Higgs Boson）被称为"上帝粒子"，它是与希格斯场相关的基本粒子，希格斯场赋予电子和夸克

[①] iTunes是由苹果公司开发的数字媒体播放应用程序，iPod是苹果公司开发的多功能数字多媒体播放器。——译者注

等其他粒子质量。与许多其他伟大的科学家一样，科学家彼得·希格斯（Peter Higgs）发现这种粒子并于2012年用大型强子对撞机证明其存在的50年前就设想过这种粒子的存在。

在没有任何迹象表明它的存在的情况下，彼得·希格斯是如何能想象出这么重要的东西的？它又是如何被证明是真实存在的呢？

如果能够在逆向工作中创造未来实践的话，我们也可以拥有自己的"希格斯玻色子时刻"。

未来实践的技巧

1.使用否定法或者逆向思维，来揭示隐藏在问题背后的信念。

2.利用安静的大脑和仪式与训练来消除我们的误解和错觉。我们大脑中的默认模式网络是想象力的源泉，它将提高我们发现目标的概率。

3.一定要放松。（可从附录中列出的放松技巧清单中选择一些活动进行）

4.将逆向工作作为一种充实想法的工具，测试替代方案，并从前瞻性方式的规范中解放出来。

这个方法最适合谁?

逆向工作最适合想要创建激进式创新的团队，亚马逊是使用这种方法取得巨大成功的典型案例。

第九章

欣赏式探究和第一性原理 + 未来实践

一个人整天思考什么，他就会成为什么样的人。

——拉尔夫·沃尔多·爱默生（Ralph Waldo Emerson）

世界的自然秩序规定了必要的周期性的维持和破坏，这个周期中有生长与维持、分离与重建、生与死。

创新也遵循这个顺序，开始、中间、结束，然后又开始，如此循环往复。

每一个阶段都有它的光辉，然而，有时我们会忘记这一点，总是对开始和中间很热情，但对结束却很抵触。结束事物是一件很难做的事，这就好像人类生来就是为了生存而不是死亡，没有人喜欢毁灭。所以，我们要么一直向前推进，要么维持假定的现状，而从未停下来问自己：为了有一个更好的开始，是时候结束现状吗？我们的出发点是正确的吗？

在最后一章中，我将介绍另外两个过程：欣赏式探究和第一性原理。它们在创新中分别是保存者和破坏者的例证，并让大家了解根据未来实践的方式，我们应该如何强化它们。

感恩探究：从内在构建力量

> 我从十几岁起，就开始用相同的方式解决每一个
> 重大的新问题：从问两个问题开始……
> 一个是，谁把这个问题处理得比较好？另一个是，我
> 们能从他们身上学到什么？
>
> ——比尔·盖茨

这是欣赏式探究框架的一个典型实例。

对那些使用欣赏式探究的公司来说，这种策略很像盖茨处理重大问题甚至确定目标的方式，它是一种基于优势的策略，不浪费时间做前人做过的事。相反，它会引导人们寻找目前已经运行得很好的事物，比如企业中的现有资源是什么？我们在哪些方面做得不错？我们的员工目前拥有哪些知识？我们的优势如何帮助我们应对未来的挑战？我们如何利用我们所知道的来为我们的前方的道路提供积极的经验？

皮克爱尔（Piql）是一家挪威公司，他们可以将书面文本或图像的数据转换成二进制代码和数据点的数字存储在老式的物理电影中，这项技术使用了一种名为皮克爱尔电影（piqlFilm）的光敏胶片，然后将光敏胶片存储在胶片盒或皮克爱尔盒（piqlBox）中。这是一种离线的物理存储格式，据称其使用寿命可长达500年到2000年，而且不会被降解。

电影曾被视为一个濒临死亡的行业，一个曾经繁荣但不再被需要的过时的行业。然而，皮克爱尔采取了欣赏式探究的方式来看待电影的优势，并为这个看似没有未来的死气沉沉的产品注入了新的活力。

欣赏式探究是一种将我们的关注点和对话从赤字导向转向资产导向的方法。不要问一些消极的问题，像"这些表现不佳的工作人员做错了什么"，这种方法鼓励人们提出诸如"这些高效的工作人员做对了什么"之类的问题。与采用以问题为中心的方法相比，欣赏式探究会让人充满活力、精神振奋，让我们进入一个不同的规划过程，获得不同的知识。设计一个我们觉得有吸引力的未来，讲述和描绘我们看到的积极的未来是更容易的事情。认同这个愿景的人越多，这个愿景就越有可能实现。

欣赏式探究的挑战在于让人们能够展望未来。在欣赏式探究的4D阶段——发现（Discovery）、梦想（Dream）、设计（Design）、命运（Destiny）——用户会发现通常很难超越他们自然关注的东西。

发现和梦想需要我们进入系统2的思维方式。人类经常会本能地看到自己所没有的东西，比如与别人的差距和弱点（这可能是人类从狩猎采集时代遗传下来的，那时人类为了生存必须不断地关注自己没有的东西）。以先入为主、根深蒂固的假设和偏见来看待世界的方式阻碍了我们发现周围的美好事物。对许多人来说，梦想一个积极的未来，是一个巨大的飞跃。当一个人连现在都想不清楚的时候，又怎么能梦想未来呢？

未来实践可以帮助我们释放欣赏式探究的真正潜力，缩小差距。而在发现阶段，形成髓磷脂去发现我们以前从未见过的连接并在搜索过程中允许犯错可以有助于更有力地确定优势。毋庸置疑，如果要想在梦想阶段看到未来，就需要安静的大脑大量地参与。

未来实践的技巧

1.学习、重复。抓住机会了解公司的新事物，从不同的角度看问题，将问题分解并从中吸收信息。

2. 为增加髓磷脂，找时间休息——睡觉！

3.允许多次开始和停止，因为这个犯错误的过程将有助于你自然地选择最好的想法。

4.安静下来，找个地方独处、冥想。如果经常独处和冥想的话，即使是短时间也可以为你大脑的默认模式网络创造奇迹。

这个方法最适合谁?

欣赏式探究的过程最适合那些不想冒太多风险以及更喜欢在增量创新的环境下进行创新的公司。他们可以在此基础上继续前进，进行架构式创新和颠覆式创新，微软就是这样一个例子。然而，使用此过程来实现架构式创新和颠覆式创新是最困难的，因为它容易激活我们因熟悉现有事物而产生的理解错觉，这意味着人会再次落入系统1的陷阱。

第一性原理：变革的魔力

和孩子在一起时，很可能会有这样一段对话：

"你为什么要喝咖啡？"

"因为我累了，需要点东西来帮我保持清醒。"

"你为什么累？"

"因为我昨晚工作到很晚。"

"你为什么要工作到那么晚？"

"因为我需要工作，挣足够多的钱养家糊口。"

"你为什么一定要挣足够多的钱？"

为什么，为什么，为什么。孩子们在深入了解基本原理这方面是有窍门的，而且由于他们的天真无邪，他们意识不到自己所提问题背后的复杂性，这也被称为第一性原理。

第一性原理是一个独立的基本命题或假设，而且它不能从任何其他命题或假设中推导出来。亚里士多德将第一性原理定义为"已知事物的第一基础"。苏格拉底式提问被用来通过严格的分析来建立第一性原理，遵循一个过程，揭示可能充当障碍物的隐藏假设。

美国著名理论物理学家理查德·费曼（Richard Feynman）因其在量子力学方面的杰出贡献而获得诺贝尔物理学奖，他也非常支持第一性原理。"首要原则是，你不能欺骗自己，而且你是最容易被欺骗的人。"他一定明白第一性原理思维是一种摆脱系统1有效性和理解力错觉的方法。他把自己所面对的每一个问题分解成最简单的形式，他发明的费曼学习法（Feynman Learning Technique）也表明了这一点。费曼学习法由四步法组成：假装向一个孩子教授一个概念、找出解释中的漏洞、组织并简化、最后再把它介绍给别人。这个四步法是第一性原理的实际应用方法，因为它需要深入研究一个概念的基本原理。

例如，如果我们要将第一性原理（或者费曼学习法）应用于用意大利面做一道新菜，我们会从鉴别配料开始，来解释这道菜的原料——西红柿、洋葱、牛肉和意大利面。意大利面里放了什么？面粉、盐和油。我们能不能用这些原料做一些其他的事情，并从中形成一道新的菜式？解构这道菜可以让我们放大每一种原料的基本特征，并以此为基础，创造出自己以前从未想到的新菜式。这就是未来实践在起作用。

根据第一性原理进行推理，把很复杂的情况和问题拆解为最基本的要素，思考我们对它们的假设，然后将它们重构。另外，类比推理是指我们在现有知识的基础上或在别人普遍接受的先验假设和最佳实践的基础上解决问题。

猜猜哪一个方法会产生更好的结果？

这种思维方式被特斯拉和太空探索技术公司的创始人、亿万富翁埃隆·马斯克称为他在创新和想象力方面取得成功的秘诀。他的公司突破了所有被认为不可能的事情，创造了一枚能够在重返地球时安全着陆的火箭。这说明这个"秘诀"一定是有效的。即使经过了60多年的原型制作和测试，美国国家航空航天局也没能实现这一壮举。而太空探索技术公司使用更少的经费完成这一壮举只用了不到10年的时间。

终究把不可能的事变成了可能。

马斯克指出，自己总是从真实的东西开始探究而不是从直觉开始。直觉可能是靠不住的，因为作为人类，我们通常并不像自己认为的那样知道很多东西，有时我们会被自己的假设阻碍。

"我认为人们的思维过程太受传统或与以往经验类比的束缚，很少有人会在第一性原理的基础上思考问题。他们会说，'我们会这么做，因为我们一直都是这么做的'。或者他们不会这么做，因为'嗯，没人这么做过，所以这件事肯定是不好的'。但这是一种荒谬的思考方式。

"你必须从头开始推理——'从第一性原理开始'是物理学中常用的短语。观察基本的原理，并据此构建推理，然后你会看到自己的结论是否成立，它可能与人们过去所做的是不同的，也可能是相同的。"

在他看来，大多数人的生活推理都是通过类比进行的，"这从根本上意味着我们只是稍微有些变化地模仿别人的做法。"接下来会发生的是，我们会一直做别人在做的事情，被困在形成这种现状的方式之中，从众心理由此开始，想象力关闭，创新不可能发生。

类比思维迫使我们遵循社会规范，对现有的事物进行改进，并通过他人的视角来看待事物，他们也会通过前人的视角来看待事物。

如此，突破和创新便受到了很大的束缚。

第一性原理打破了这一切，并提供了一种颠覆性的方法来帮助我们看到什么是真正的可能。第一性原理使我们一步步地迈向类比思考者所看不到的可能性，实现巨大的飞跃。

以新加坡标志性的航空公司——新加坡航空公司（Singapore Airlines）为例，它是航空业的创新者，连续25年被评为最佳国际航空公司。就像世界上其他许多航空公司一样，新冠肺炎的蔓延也给该公司带来了沉重的打击。然而，新加坡航空公司为了生存，迅速地转向尝试以前从未提供过的服务。

该公司多年来领先行业的灵活创新帮助其在过去50年里生存了下来并得到了飞速发展。正如其一位副总裁所言："无论我们做什么，我们都在追求卓越，我们从不愿意满足于已取得的成就。我们告诉自己，'我喜欢自己开发的这个新东西，并确保它得到很好的运用。'"

"然而，我们也必须在一定的时间内推出更好的产品以替换现有产品，这个时间可能是6个月，可能是12个月，也可能是20个月，但必须替换掉它，因为客户的生活方式是在不断变化的。"

这就是第一性原理的一个很好运用——大胆，从不犹豫破坏现有的事物，以便实现凤凰涅槃，从而变得更强更好。

想象一下，如果我们把第一性原理和未来实践结合起来会有什么结果？想法大爆炸。并不只是任何一种同类型的想法，而是超越其他类型的超前想法的大爆炸。

未来实践的技巧

1.通过寻找制造髓磷脂的方法来摆脱我们系统1的束缚。

2.结合髓磷脂的产生，利用安静的大脑和允许犯错的方法。这些协同作用将释放第一性原理的全部潜力。

·安静的大脑将连接正确的神经元，提出正确的问题。

·髓磷脂的产生将使正确的问题浮出水面。

·尽可能多地犯错可以让我们找到并选择最好的解决办法。

3.休息、独处、锻炼、重复。

这个方法最适合谁?

第一性原理最适合那些不满足于增量创新，甚至不满足于架构式创新和颠覆式创新的公司，他们想要创造激进式创新。特斯拉就是一个很好的例子。

附录　放松的技巧

自然技巧

亲近大自然会得到抚慰。听说过"森林浴"这个词吗？它的意思是置身于大自然之中。置身于大自然可以帮助你厘清思绪，是一种很好的放松方式。

1.在森林中徒步旅行

2.在公园里散步

3.在风景优美的道路上驾驶

4.在湖边钓鱼

5.在山上露营

6.在星空下睡觉

7.在沙滩上散步

8.看日落和日出

大脑技巧

你的想法决定了你的情绪反应。考虑最坏的情况和批评自己犯的错都会增加自己的压力。相反，让自己考虑最好的情况，把错误当作学习机会，这会让你更放松。

9.冥想

10.正念

11.积极思考

12.重塑一个问题

13.做白日梦

14.想象

武术技巧

有些武术本质上是温和的。这些武术引导我们以一种温和的方式移动、舒展我们的身体。经常练习武术的人不仅可以受益于更强壮的身体，还可以受益于更放松的心态。

15.太极

16.八段锦

17.合气道

18.弓道

19.卡波卫勒舞[①]

[①] 也称卡波卫勒舞，起源于巴西的一种柔术。——编者注

娱乐技巧

有趣的活动是良性压力（eustress）的来源。良性压力是一种对情绪健康有好处的积极的压力形式。这是一种能让人感到有活力和放松的好的压力。在生活中，我们需要良性压力，而有趣的活动可以提供这种压力。

> 20.看电影
>
> 21.去主题公园
>
> 22.享受美食
>
> 23.喝好酒（未成年人可参考其他方式）
>
> 24.逛街
>
> 25.参加音乐会
>
> 26.参观博物馆
>
> 27.在俱乐部跳舞
>
> 28.唱卡拉OK
>
> 29.吃黑巧克力
>
> 30.适当地玩电脑游戏

居家技巧

人们回到自己家的时候经常说"家，温暖的家"，或者

"家是最好的地方"。由于家的这种独特的性质，它是我们放松的最好的地方。

> 31.芳香疗法
>
> 32.听音乐
>
> 33.播放唱片
>
> 34.烘焙
>
> 35.园艺
>
> 36.沐浴
>
> 37.打扫屋子
>
> 38.练习瑜伽
>
> 39.读一本书
>
> 40.拥抱宠物
>
> 41.独自睡觉

精神技巧

精神技巧对缓解压力有很多好处，它能帮助你获得目标感，与世界产生联系以及过上更健康的生活。

> 42.奉献
>
> 43.唱宗教歌曲

> 44.参加宗教服务
>
> 45.吟诵祈祷

艺术技巧

艺术是一种很好的减压工具，即使对那些不认为自己有艺术倾向的人来说也是如此。艺术创作可以让你的大脑从压力中解脱出来，让你在艺术创作的过程中得到放松。

> 46.画风景画
>
> 47.素描
>
> 48.写故事/诗
>
> 49.在街道上拍照
>
> 50.制作陶器
>
> 51.做彩色书

呼吸技巧

深的腹式呼吸有助于充分地交换氧气，肺的底部也可以获得充足的含氧空气，这样可以减缓你的心跳，并让你感到放松。

52.调息呼吸

53.禅宗式呼吸

54.气功呼吸

按摩技巧

按摩可以促进血液循环。改善后的血液循环有助于氧气和营养物质输送到肌肉细胞。这样，你的身体就能进入一种心率减慢、血压下降、压力荷尔蒙分泌减少、肌肉放松的放松状态。

55.身体按摩

56.足部反射疗法

57.戴面罩

58.耳部按摩

运动技巧

运动能够使你的身体释放内啡肽。这种大脑中的化学物质可以缓解压力，让你感到快乐和放松。

59.游泳

60.跑步

61.骑自行车

62.冲浪

63.玩帆船

64.溜冰

65.打保龄球

66.潜水

67.玩皮划艇

办公室技巧

办公室不是放松的好地方。然而，如果你能运用正确的技巧，仍然可以放松身心。

68.制作咖啡/茶

69.在茶水间吃饭

70.与同事聊天

71.在办公桌前伸展身体

72.整理办公桌

数字产品戒毒技巧

数字设备脱瘾（Digital detox）是指远离智能手机、电脑、社交网站等数字产品一段时间。研究发现，年轻人的睡眠问题、抑郁症状、压力水平的增加与大量使用电子设备有关，减少数字产品的使用将会缓解这些问题。

> 73.停止多任务
>
> 74.禁用社交媒体
>
> 75.远离智能手机

亲密关系技巧

哈佛大学成人发展研究（Harvard Study of Adult Development）一项历时最长的关于幸福的研究发现，幸福与亲密关系之间有着很大的联系。这些亲密关系包括配偶、家庭、朋友和社交圈，亲密关系会带来精神和情感上的刺激，是让你感到快乐和放松的自动情绪助推器。

> 76.给朋友打电话
>
> 77.为你的男朋友/女朋友做饭
>
> 78.给丈夫/妻子买礼物
>
> 79.看望父母
>
> 80.和朋友聚会
>
> 81.与同事一起去做志愿服务

后记

写这本书的初衷是因为我相信人类对创造力的追求。

我们大脑有很多潜在的力量。这些力量可以改变世界，改变现状。这不仅对强国和大公司来说是这样，对世界上处于劣势的群体来说更是如此，比如贫困的国家、羽翼未丰的初创企业以及为养家糊口和子女教育而苦苦挣扎的个体。

我们大脑的光辉正等待被点亮，但首先需要修复它许多断开的环节。如果我们不愿意尽自己的力量先修复这些环节，然后再进一步加强它们，我们就不能指望会产生天才。即使是鼓掌，也是需要两只手参与的。

是的，突破性的数据、最新的研究以及我所提及的未来实践的仪式和训练，所有这些都可以为那些想在商业创新和做决策时有所作为的人创造无数的机会。

但是，本书真正具有变革意义的因素是它对许多人的生活会产生影响。这些人只要在日常生活中做出简单而持续的改变，就可以取得永远改变他们未来生活轨迹的重大突破。

这是我的希望，由想象带来的希望。这个希望是，在我改变世界之前，我可以先改变大街上那个人的现状。

致谢

感谢我在欧洲工商管理学院（INSEAD Business School）和新加坡国立大学商学院（NUS Business School）的本科生、研究生和经管专业的学生。正因为他们的贡献本书才能变得充实而丰富。

以下提到的各位先生、女士在这本书问世的过程中起到了非常重要的作用，在此也表示感谢。

我的赞助人：柏·斯万·真（Beh Swan Gin）和伊莎瑞尔·伯尔曼（Israel Berman）。

我的联系人：刘燕玲（Low Yen Ling）、杨吉全（Yeoh Keat Chuan）、尼克·沃尔顿（Nick Walton）、沃特·范·韦尔希（Wouter Van Wersch）、拉尔夫·郝普特（Ralph Haupter）、马丁·海斯（Martin Hayes）、哈里特·格林（Harriet Green）、斯科特·博蒙特（Scott Beaumont）、达米恩·德勒姆斯（Damien Dhellemmes）、Suran Suranjan（苏兰·苏兰詹）、本·金（Ben King）、劳伦特·加蒂诺（Laurent Gatignol）、帕特里克·德·穆斯蒂尔（Patrick de Moustier）、特里西亚·杜兰（Tricia Duran）、努坦·新加

普里（Nutan Singapuri）、乔恩·叶（Jon Ye）、莱斯利·海沃德（Leslie Hayward）、佩特里·普亚（Petrine Puah）、阿尔文·吴（Alvin Ng）、汤姆·韦尔奇曼（Tom Welchman）。

我的同事：露丝·韦格曼（Ruth Wageman）、大卫·德兰（David Derain）、希尔瓦诺·达马尼克（Sylvano Damanik）、朱尼奇·塔基纳米（Junichi Takinami）、马德琳·德辛（Madeline Dessing）、斯蒂芬·弗雷特洛尔（Stephan Frettloehr）、雷纳托·法拉利（Renato Ferrari）、杰夫·白拉基（Jeff Shiraki）、布莱恩·萧·基·坚（Brian Siew kiew Kien）、尼奥·本·辛（Neo Boon Siong）、贾维尔·吉梅诺（Javier Gimeno）、菲利佩·蒙泰罗（Felipe-Monteiro）、奎·休伊（Quy Huy）、迪尼·桑迪（Diny Sandy）、布里奇特·蒂（Bridget Tee）、薇薇安·林（Vivien Lim）、库尔万特·辛格（Kulwant Singh）、安·斯韦·胡恩（Ang Swee Hoon）、乔森·维尔茨（Jochen Wirtz）、安德鲁·德里奥斯（Andrew Delios）。

我的编辑：奥德拉·林（Audra Lim）、贾斯汀·刘（Justin Lau）、梅尔文·尼奥（Melvin Neo）。